灵境奇遇

王锐　刘剑 /著

康与缨（康托耶夫）/绘

机械工业出版社

CHINA MACHINE PRESS

本书是一本介绍虚拟现实与计算机图形学的科普小说。故事从小学生图小灵误入计算机显卡内部，与灵境世界中的居民相遇开始，将显卡内部的世界描绘成虚实之隙、渲染工厂、造型之谷、光之山丘、幻之森林、坠落之海、风暴之眼、辉煌之路这几个神秘区域，并逐步引出实时渲染、几何体造型、光照、材质与阴影、场景优化、摄像机等计算机图形学的核心知识点。最终，图小灵利用自己所学的知识，在伙伴们的帮助下，找到了返回现实世界的方法。

本书适合小学高年级和中学阶段的青少年读者，以及对计算机图形学感兴趣的读者阅读。

图书在版编目（CIP）数据

灵境奇遇 / 王锐，刘剑著 . -- 北京 ：机械工业出
版社，2024. 10. --（图小灵的信息世界奇幻之旅）.
ISBN 978-7-111-76208-9

Ⅰ. TP391.98-49; TP391. 411-49

中国国家版本馆 CIP 数据核字第 2024HK3901 号

机械工业出版社（北京市百万庄大街 22 号 邮政编码 100037）
策划编辑：梁 伟　　　　　　责任编辑：梁 伟　苏 洋
责任校对：潘 蕊　张昕妍　责任印制：张 博
北京利丰雅高长城印刷有限公司印刷
2024 年 10 月第 1 版第 1 次印刷
185mm×245mm · 14 印张 · 2 插页 · 165 千字
标准书号：ISBN 978-7-111-76208-9
定价：99.00 元

电话服务　　　　　　　　　网络服务
客服电话：010-88361066　机 工 官 网：www.cmpbook.com
　　　　　010-88379833　机 工 官 博：weibo.com/cmp1952
　　　　　010-68326294　金 书 网：www.golden-book.com
封底无防伪标均为盗版　机工教育服务网：www.cmpedu.com

虚拟现实从娃娃抓起
将中国建成科技强国
王锐 刘剑 继续加油

刘先林

2023.12.5

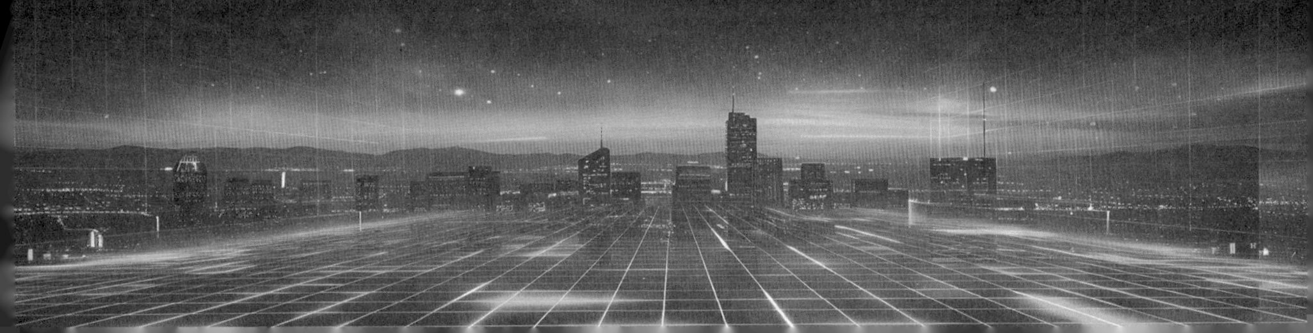

前言

本书在筹划之初，曾经有过两种截然不同的方案。

一种是按照常规科普书籍的做法，罗列虚拟现实和计算机图形学中的关键技术名词，寻找合适的图片，再做精确的归类，使其成为一本不错的工具书，供各年龄段的读者查阅。

另一种是写一个小说体裁的冒险故事，把计算机图形学中的关键概念融入其中，成为故事主线的一部分。既要做到科普内容准确无误，也要做到故事情节精彩可读，还能符合广大中小学读者的阅读水平，其中的难度可想而知，足以令人望而却步。

但是，我们认为：所谓科普，就是首先通过引人入胜的内容，让普通读者有持续读下去的兴趣，然后才有可能去讨论其中的科学原理。如果以此为标准，写天文学、动物学、植物学、地理学的科普书也许会稍微简单一点，毕竟光是那些美不胜收的图片就足够吸引人了。但是，撰写涉及基础学科和计算机学科的科普图书，我们就犯了难：到底怎样才能让大多数人接受那些枯燥的数字、公式，以及烦琐难懂的专业名词呢？

因此，我们做了一个大胆的决定：将这本有关虚拟现实和计算机图形学的科普书，写成小说。把那些原本只出现在大学教材和行业专著中的名词变成活生生的角色，把各种高科技的元器件和电路变成幻想中的场景——让一名小学高年级的学生当主角，去探索这个世界、发现疑点、理解困难、找到答案。在探索的过程中，会有很多原本晦涩的知识点经过重新装扮，粉墨登场。也许不是每一位读者都能够理解这些知识点，但是我们希望至少在这次别样的科普之旅中，读者可以享受阅读本身的快乐。

感谢已经 80 多岁的中国测绘科学研究院荣誉院长刘先林院士为本书撰写寄语。

感谢康托耶夫老师为本书的插画工作专门设计了一整套 AI 算法流程，并最终通过手绘和 AI 工具生成了绝大部分插图。本书插图主要采用 ComfyUI 和 Stable Diffusion 的组合流程，部分图片使用了摩尔线程的摩笔马良开放 AI 绘画平台。

感谢每一位认真阅读过原稿，提出宝贵意见的老师。感谢在本书写作和统稿过程中给予帮助和支持的赵阳、魏占营、罗霄等各位好友。感谢家人给予我们无微不至的关怀和鼓励，如果没有他们，我们不可能完成这本科普小说。

期待读者们的反馈，也期待将来能为大家带来更多有趣且有深度的科普作品！

王锐　刘剑

2023 年 12 月 31 日

角色小传

头脑聪明、个性要强的小学高年级学生，喜欢独树一帜，更喜欢逞能和冒险，当然也有贪玩和不听话的小毛病。小灵的爸爸是天天加班的程序员，但是总能给他带来一些小惊喜；妈妈是唠叨不停的中学老师，对小灵的生活和学习十分上心。

图小灵

计算机图形学的常用接口之一。岁数最小但是思维最活跃，擅长研究和使用各种先进的图形技术，并且愿意把自己的知识毫无保留地开放给广大使用者，他还需要一些时间去沉淀与历练自己。

**小沃
（Vulkan）**

计算机图形学的常用接口之二。历史悠久并且流传甚广，身经百战，博学多闻，几乎是所有主流游戏开发者的首选。他对内部技术实现的一些细节有所保留，不过自身强大且稳定的功能能满足大部分使用者的需求。

**X 博士
（DirectX）**

计算机图形学的常用接口之三。历史最悠久，技术最成熟，经过无数项目和使用者的验证，至今仍然是计算机图形学初级编程者的首选。由它衍生出的 OpenGL ES 和 WebGL 接口分别用于移动端和网页端程序开发，不过近些年 OpenGL 已经逐渐退出主流舞台，被 Vulkan 取代。

**欧吉尔
（OpenGL）**

目录

1

跌落灵境

一个夏日的周末午后，图小灵正懒洋洋地躺在床上。窗外潮湿的暖风裹挟着含混不清的阵阵蝉鸣，让人不由得心生烦躁。小灵一早就在妈妈的催促下写完了作业，此刻他不想学习、不想睡觉，也不想出去玩。他打量着房间的每一个角落，希望能找到什么新奇的玩意儿，稍微打发一下无趣的时光。

作为一名小学四年级学生，小灵知道自己的未来充满了竞争与挑战。他个性要强，任何事情都不想输给别人。然而，现实往往事与愿违，他的班级里偏偏有好几个"学霸"、好几个运动健将，甚至还有好几个电脑游戏高手。图小灵在各方面都不能成为第一名，至少每当他骄傲地在班里展示某项"成就"的时候，总会有某个平时不起眼的同学跳出来，用铁一般的事实驳倒他。

"真没意思啊——"图小灵自言自语着，眼睛却无意中落到了书架顶端一个突兀的盒子上。这大概是爸爸提前买给自己的生日礼物，先偷偷地藏在这里吧？小灵心里暗自笑了起来，"这点小把戏，怎么能逃过我锐利的目光？"

图小灵找来一把小椅子踩上去，顺利地把那个崭新的礼物盒拿了下来。盒子上满是数字和看不太懂的英语。盒子的中心位置还画着一个大姐姐，她头上戴了一个略显怪异的巨大眼镜。那个眼镜并没有透明的镜片，看上去反而更像是一顶未来感十足的头盔。画面里的大姐姐瞪圆了双眼，好像有什么不可思议的东西浮现在她眼前。

图小灵愣了一下，随即反应过来，"太酷了，这就是 VR 眼镜吧！"他经常听到身为程序员的爸爸和别人谈论这个神奇的词，据说它的中文含义是"虚拟现实"，听起来就让人神往。小灵自己也大概知道，这是一种能够让体验者置身于另一个世界的新技术。只是他万万没想到，爸爸居然趁着自己不注意的时候，把这么高科技的产品作为生日礼物藏了起来，打算给自己一个大大的惊喜。

"爸爸真帅!"图小灵抱着礼物盒子,又蹦又跳。随后他冷静下来,开始蹑手蹑脚地拆起盒子的外包装。奶奶就在隔壁的屋子里午休,如果吵到了她老人家,自己的 VR 眼镜多半会被马上没收吧?要知道,奶奶可是天底下最关心小灵视力的人,多看一会儿书都会招来一阵唠叨。如果被奶奶发现自己正在把来路不明的电子产品盖在宝贵的眼睛上……图小灵吐了吐舌头,连大气都不敢出了。

盒子很快被拆开扔在一旁,里面丰富的内容统统铺开在床上。图小灵仔仔细细地端详着:一副浅色的不算很轻便的 VR 眼镜(这点和包装盒上的图片看起来别无二致)。头盔的里面衬上了舒适的海绵垫,还有一对闪闪发光的、厚厚的眼镜片。光线在这里被吸收得干干净净,镜片的背后只留下深邃的黑色纹路,没办法猜测其中隐藏了什么奥秘。除了眼镜设备之外,盒子里还放着一团整整齐齐的电线,它应该是用来连接眼镜和电脑的?另外还有一对看起来十分炫酷的游戏手柄,图小灵把它们拿在手里,幻想着这是再现人世的千年雌雄双剑,心中不禁澎湃起来:这些如果拿到学校去,肯定是稳拿全班第一的宝物了。至于其他诸如说明书、保修卡一类的物件,小灵就不感兴趣了,他只取出其中一个印着 VR 软件下载地址的硬卡片,然后忙不迭地奔到电脑前,开机,连上线缆,下载,一气呵成。对于从小就拿着平板电脑上网课、学英语、看动画片的图小灵来说,掌握这些基础的计算机知识,简直就像拿起勺子吃饭那样简单。

VR头盔发出了细微到无法听清的咔咔声，那原本幽暗的镜片深处，也亮起了深蓝色的光。电脑屏幕上，软件界面不停闪动着，提示图小灵赶快戴上 VR 眼镜，一段不可思议的旅程马上就要拉开帷幕了。

"我绝对是全班第一个戴上 VR 眼镜的人，下周我就去告诉他们。"图小灵兴奋地自言自语着，捧起微微发热的"头盔"，轻轻地把它扣在自己的脸上。"哇!"他禁不住轻声赞叹起来。眼前出现了一片蔚蓝的大海，水波粼粼，向着太阳升起的方向翻涌。而小灵自己则置身于一艘巨大的天空船上，头顶是圆鼓鼓的热气球，身后的水手正唱着整齐的号子，拼命鼓着风箱。天空船在云层中穿梭，而身为船长的小灵正站在方向舵的前面，仿佛指挥着千军万马，又仿佛正在探寻世界的尽头。

这也太有感觉了! 图小灵一边想着，一边伸手去抓方向舵，然而他却一把抓了个空。他转身去拍水手的肩膀，也是一无所获，他既无法触碰到水手，也看不到自己的手臂。一股失望感涌上了小灵的心头：原来我除了能看到另一个世界之外，别的事情都不能做啊! 这样就没什么意思了吧?

他想起了刚才盒子里的游戏手柄，有了那个东西，应该就可以在虚拟世界拥有双手了吧? 看来，这就好比是《星球大战》里绝地武士的激光剑一样，是必不可少的。图小灵一边想着，一边随手摸索起来。此刻他懒得卸下头上戴的略显沉重的 VR 眼镜，这眼镜的边缘处被厚厚的黑色绒布裹得严严实实，通过可调节的松紧绑带稳稳地箍在图小灵的头上。严密的包裹感让小灵看不到外界的任何画面，他的眼前只有在虚幻的云间穿梭的天空船，他忘记了自己其实还身处家中一间十平方米的小屋内。而小屋里除了电脑桌和小床，还放着堆成山的漫画书、揉成一团团的作业纸、没有放回原处的小火车、瘪得只有一半大小的足球，以及两根缠在一起又粗又长连接了电脑和 VR 眼镜的数据线。

"哎哟!"图小灵感觉自己的腿被什么东西绊住了，不由得叫出声来。他在那一瞬间失去了平衡，天空船在眼前倾覆，从天空急坠而下，海水扑面而来，云朵绽开成白色的雪花，在他耳边嗡嗡地响。

他的眼前仿佛出现了一扇缓缓打开的黑色大门，温柔地容纳了自己。

2

虚实
之隙

离开混乱之地

图小灵从一阵轻微的眩晕中清醒过来，眼前一片漆黑。他试着回忆刚才发生的事情，难道自己是摔倒了？刚才感觉整个虚拟的世界都翻转了一样。看来在没有收拾利落的房间里戴 VR 眼镜还是有一定危险的，我还是赶紧把它摘下来比较好。小灵这样想着，便伸手去取头上的沉重设备，没想到手竟然抓了个空。

"奇怪了，那个 VR 头盔呢？"图小灵自言自语着，再次用手在脸上连抓带挠地确认，却依然一无所获。此时他更惊奇地感受到，每当手指掠过自己面前的时候，就会有一阵突兀且不协调的亮光从眼中闪过。

图小灵反复尝试了几次，终于，当他把双手都按在自己眼睛上静止不动的时候，他看出了端倪：自己的手指居然变成了十几个五颜六色的正方形！小灵不敢相信自己看到的一切，他试着做出手指伸直、抓握、攥紧拳头的动作，那些正方形的色块也随之产生了不同的变化。这些色块的变化与自己手部的动作似乎是同步的，而且隐隐约约也呈现出五根手指的外形，只是它们变得十分粗糙，根本看不出原本精细而粉嫩的皮肤纹路了。

一阵惊讶而紧张的情绪涌上图小灵的心头，他恐慌地转头去看自己的肩膀与手臂。果不其然，它们也变成了一个个排列有序的色块。随着小灵手臂的微微摆动，这些色块也不断地产生色彩变化，似乎正努力去模拟人类上肢的种种行为，只是色块的数量实在有限，它们组成的手臂在小灵看起来全部是一格一格的，好像用积木搭建起来的机械臂一样。

像素风？图小灵的脑海里飞快地闪过了这个名词。他和同学一起玩电脑游戏的时候，偶尔会议论游戏的画面质量和风格。有的游戏会别出心裁地把玩家的角色和场景都做成一个个小方块的形式，哪怕是原本应该长得圆鼓鼓的小猫咪和小绵羊，此时也变成了一个个不断蠕动的方砖，看起来十分滑稽可爱。这种形式，就叫作像素风，至于具体这几个字是什么意思，图小灵自己也从来没有认真思考过。

像素风的电脑游戏虽然有趣，可自己也变成像素风就没那么有趣了啊！图小灵开始害怕起来，如果此刻妈妈或者奶奶突然推门而入，那岂不会被怪物一样的自己吓得魂飞魄散？或者她们会以为小灵已经变成了一个没有意识的积木机器人，把自己当作不好好收拾起来的玩具锁进柜子里？这样一来，他可就叫天天不应，叫地地不灵了。

"救命啊，有人吗？"图小灵惊恐地大喊。他的眼前还是一片漆黑，只有用手挡住眼睛的时候，才能看到一大片明亮的颜色，但是这根本就不是小灵想要的。他想回家，或者先离开这个未知的鬼地方。

"救命啊，我才不要变成像素人！"图小灵又喊又叫，试着捶打眼前看不见的墙壁。然而这一切都是徒劳无功。根本就不存在什么墙壁，他的拳头完全打在空气里，脚下似乎也没有地面的实感，只是悬浮在一个不可名状的空间里。图小灵开始有些怀疑自己已经不再是人类了，也许已经变成了外星人的俘虏，成了某种有名无实的收藏品？或者是被超级强大的未来计算机吸收，正在被扫描和分析身体的组成？

他正胡思乱想着，却听到身边传来了一个尖细的声音，"是你在说话吗？"

图小灵猛地回头望去，却依然什么也看不到。他的身体似乎只存在于一张纸一样薄的空间里，不能向前或者向后移动。即使拼命地挥动手臂，也只是透过眼睛的余光看到许多的色块在发生变化。但是这些色块都是固定在这个"纸"空间之内的，没有一个色块跳出去，也不会有新的色块挤进来。

"是我，我叫图小灵，"图小灵仿佛抓住了救命稻草，大声喊着，"麻烦您了，快救我出去！"

那个声音沉寂了片刻，回应道："天哪，还真的有人掉进屏幕缓存里了？你是怎么进来的？"

"什么屏幕……什么存啊？"图小灵听得云里雾里，"您能先救我出来吗？我好害怕啊！"

"行，行，别着急。"那个声音答道，"这种事啊，没人比我更在行了！"

话音未落，图小灵只觉得有一股力量从无形中直接拽住了自己。他还来不及反应或者挣扎，就被举了起来，像皮球一样被丢了出去。图小灵感觉自己的意识正飞速地离开那个神秘莫测的"纸"空间，于是他努力睁开眼睛，想要看一看这到底是一个什么样的世界。

有一瞬间，图小灵似乎看到了刚刚惊慌失措的自己：那个小人仿佛身处电影画面里一样，伸开双手又扭过头去，双眼无神地望着前方。在他旁边不远处，居然还有另一个一模一样的小人，正做出一模一样的动作。这两个小人此刻正一左一右地并排站立着，出现在同一幅画面里，他们的样子看起来虽然还是有一些粗糙感，但已经远不是之前那种颜色块的形式了。至少小灵一眼就可以看出，这正是自己被扔出"纸"空间前一刻的略显滑稽的神情和姿态。

只是下一个瞬间，这幅画面就消失了，取而代之的是之前在 VR 眼镜里看到的那个天空船的图像，并且同样是并排的两艘天空船！正在图小灵困惑之际，他的眼前却突然明亮起来，他居然掉进了一个洁净的大工厂里。说来也奇怪，虽然摔在了工厂地面上，但是图小灵感觉一点也不疼痛，身上也没有任何被摔坏的迹象。他躺在地上仔细地观察着身体，它们似乎已经恢复了原本的样子和颜色，这让图小灵感觉安心了不少。

"喂，你到底是谁啊？"尖细的声音再次从耳边响起。图小灵爬起身来，这次他看到了一个人，而且是一个十足的怪人！只见他身材高挑，穿着亮红色的外衣，配上同样亮红色的裤子，看起来简直是一根成了精的大胡萝卜。他的面颊瘦削而有力，眼睛同样是红色的，卷曲的头发则高高地伫立在空中，摆成了英语中字母"V"的形状。"这大概就是胡萝卜的叶子了吧……"图小灵心里想着，禁不住"扑哧"一声乐了出来。

"那个，我叫图小灵。"

V字头的胡萝卜怪人有些恼怒，"你笑什么，我很好笑吗？这么没礼貌，早知道就把你留在缓存空间里了。"

"真对不起，胡萝卜先生，谢谢你救了我。"图小灵赶紧道歉。

"谁是胡萝卜先生！"怪人更加气愤了，"我有名字的，我叫沃尔坎！"

"沃……什么？"图小灵很少听到外国人的名字，一时有些语塞。

"v-u-l-k-a-n，沃尔坎！算了，你叫我小沃就可以了。"小沃一脸垂头丧气的样子。

"刚才的事情，真的谢谢你，小沃。"图小灵站直了身体，一边鞠躬一边认真地说。

小沃倒是有些不好意思了，"那个，也不用这么客气。哈哈，缓存的事也是举手之劳嘛，你这么客气，搞得我都不知道该怎么回应了。"

Vulkan

"小沃，你刚才一直反复在说'缓存'？"图小灵有些好奇地问道。

"对啊，屏幕缓存嘛，就是你刚才待的地方。"小沃理所当然地说，"不过，你也可以称呼那里为'虚实之隙'，这样感觉好听一些。"

"所以缓存到底是什么？缓缓地保存吗？"

"哈，看来你不怎么了解嘛，那这块没人比我更在行了！"小沃得意起来，头发也竖得更高了，"首先，你知道什么是内存吧？"

图小灵点了点头，"我大概知道，就是电脑里保存数据的地方？"

"差不多，"小沃满意地接着说道，"缓存的读写速度比内存更快。而屏幕缓存呢，顾名思义，保存的就是准备在屏幕上播放的数据内容，也就是图像了，懂不懂？"

"明白了，所以我看电视，或者看电脑显示屏的时候，看到的每一幅画面都是保存在屏幕缓存中的吧。"图小灵若有所思地回答。

"是啊，VR眼镜，说到底无非也是一个显示屏嘛，原理都差不多。画面保存到屏幕缓存，到了规定的时间就穿过'虚实之隙'，然后可以出现在屏幕上了。"

显卡的世界

图小灵逐渐定下了心神。小沃虽然看起来是一个怪人，但是他和蔼的口气无疑让小灵感到放心了不少。他开始环顾四周，想要看清楚这里究竟是什么地方。

这个工厂大得让人有些吃惊，一眼望过去，居然看不到边界。刷成纯白色的墙壁，没有窗户或者装饰物在上面，这让图小灵多少感到有一些喘不上气来。工厂里摆放着很多奇形怪状的设备：它们有的直入云霄，热气蒸腾；有的由几块花花绿绿的巨大屏幕组成，很多看不懂的文字从上面一闪而过；还有的铺了长长的传送带，上面堆满了各种各样的卡片。很多看起来像是工人的小家伙们正在忙来忙去。

这些小家伙的个头大概只有图小灵的三分之一，身体圆鼓鼓的，闪烁着金属般的光泽。他们没有头发，似乎也没有嘴巴，因此互相也不会交流。小灵有些惊恐地看着这些小家伙在身边跑来跑去，全然无视他的存在；哪怕偶尔撞在小灵身上，摔得人仰马翻，小家伙们也依然毫无怨言地爬起来，继续向着目标地点跑去。仿佛除了手头的工作之外，其他都是多余的一样。

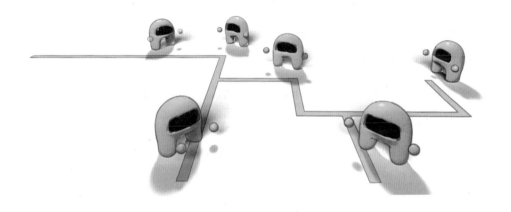

"这些人是？"图小灵的好奇心被再次激发起来。

"它们啊，名字叫 GPU。它们都是我的兵，都得听我的。"小沃得意地笑了起来。

"它们是你的奴隶吗？还是说，你们之间有什么协议，能让它们这么拼命地干活？"

小沃撇了撇嘴道："什么奴隶不奴隶的，凡是生活在计算机里面的人，都得争分夺秒地干活啊。"

"计算机里面？"图小灵猛地醒悟过来，"原来我被吸到计算机里面啦？"

"我还以为你已经知道了，"小沃一脸满不在乎的样子，"这么明显的布局和结构，还有这些可爱的 GPU 们，这一看就是在显卡里面啊。"

"什么？什么跟什么？"图小灵感到自己的脑海中一片混乱。

小沃不禁瞪大了眼睛，"难道说显卡你也不知道吗？就是显示接口卡啊，你把它与屏幕连接起来，它负责把屏幕上要显示的画面计算出来，然后输出给你看。无论是看电影、玩游戏，还是写作业，都需要显卡才能看到你需要的内容。"

"这个我大概了解，"图小灵用一只手捂着发晕的头，努力摆了摆另一只手，"不过我的意思是……"

"所以你不理解什么是GPU吗？"小沃喋喋不休，"这些小家伙的英文名叫作Graphics Processing Unit，就是专门负责处理各种图形数据的小兵！我的手下可是有成千上万个这样的小兵的。没有它们使劲儿，显卡就算是连接到屏幕上，也什么都看不到的。你看那边那台机器，屏幕缓存中的画面就是……"

"我不是想问这些，"图小灵终于找到机会打断了小沃的长篇阔论，"我想说，为什么我会进入显卡？"

"嗯……"小沃终于沉默了，看来这触及了他的知识盲区，"说的也是，'虚实之隙'通常只会把画面传递出去，这还是第一次看到有人从那里闯进来。"

"我怎么才能离开这个地方呢？"

"你得容我想想，"小沃摆了摆手，"你刚才是位于VR眼镜的屏幕里，对吧，你是从不知道什么地方直接穿过了'虚实之隙'进入屏幕缓存的。通常你应该是从我们这里生产出来，再输出到屏幕缓存中才对——这个方向反了啊，就像瀑布的水倒流回了山顶一样，是怎么做到的？"

"是的，而且我是人类，不是被生产出来的产品。"图小灵赶紧解释道，"我应该是戴上了VR眼镜在玩，不知道怎么就进到眼镜里去了。"

"那你还记得，你进入眼镜之前发生了什么吗？"小沃开始变得一本正经起来。

"我想一下，我当时正试着在一艘天空船上移动，但是我被什么东西绊倒了，然后就天旋地转，好像天空船也塌了一样……我再清醒过来的时候，就在这里了。"

"天空船？"小沃皱了皱眉头。他转身和一个路过的 GPU 用听不懂的语言叽里咕噜地交流。过了好一会儿，才转过身来对图小灵说，"那大概只是一帧画面而已，在你突然穿过'虚实之隙'落到这里之前，保存在缓存中的就是那帧画面。"

图小灵一头雾水，"我明明看到一艘特别真实的天空船，然后我就站在上面。船往前开，云往后飘，一切都是运动的啊？什么叫一'真'画面呢？"

"那个字写作'帧'，"小沃不慌不忙地纠正道，"相当于动画播放的最小单位，说白了，也就是一幅画面的意思。"

"动画？我看到的内容就叫作动画吗？"

小沃点点头，"是啊，电脑游戏、电影，还有电视节目等，都是通过很多幅连续的画面组合起来，快速在你眼前播放，形成了'动画'的效果。说的再深入一些，这是因为人具有视觉暂留的功能，通过眼睛与大脑配合可以使人短暂记忆前一张画面的内容，然后和下一张画面混合，形成一种画面一直在流畅运动的错觉。不过我们不会说一幅画或者一张画，那是通俗的叫法，在这里，我们称为'一帧'画面。"

"是这样吗？"图小灵思考了一会儿，"听你这么一解释，感觉 VR 眼镜好像也没什么了不起嘛。我们有时候会在课本的每一页角落都画一个小人，然后快速翻动课本，这个小人看起来就是动起来一样，也是基于视觉暂留的原理呗？"

"说的对。"小沃竖起了拇指。

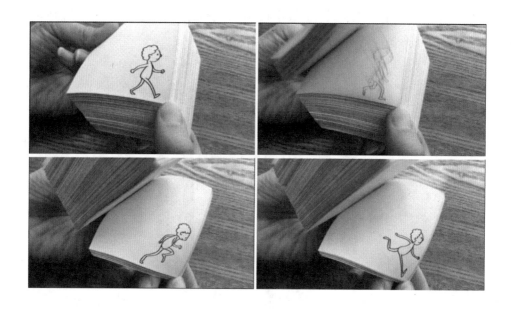

"而且，你刚才有提到，屏幕缓存的概念。那么你说的动画里的每一帧画面，就是从这里源源不断地输入到屏幕缓存中吗？"

"正是如此啊，不然你以为我的 GPU 小兵们每天都在忙些什么？"

"可是屏幕上只能显示一帧画面不是吗？"图小灵继续推敲着，"所以你们要提前擦掉前一帧画面的内容，然后马上再把新的一帧传递进去。让画面连续地穿过那个什么'虚实之隙'，这样屏幕上才能持续显示出动画效果，对吧？"

"你的学习能力真不错啊，"小沃赞叹道，"我还以为，接受新知识的能力，没有人比我更强。"

"哼，论学习能力，我才是第一名！"图小灵不服气地反驳。

屏幕与像素

"不过，我还是有一点非常不理解。"图小灵一边说，一边左顾右盼。

"你尽管问，"小沃得意地摆摆手，"回答问题的能力，没有人比我更强。"

"我记得在屏幕缓存里面的时候，我好像待了有一段时间，应该不是只有一帧画面的时间吧。"图小灵一边说着，一边想起了当时自己的手指变成五颜六色的方块的情景，感觉浑身打了个冷战。

"确实，我们也不知道你是怎么进去的。"小沃挠了挠他那 V 字形的头发，"你好像是从外面世界进来的，直接盖在了原本的屏幕缓存上面。所以就算每帧画面显示之前要擦除原来的画面，也擦不掉你，不知道是为什么。"

"可是，我当时变成了很奇怪的样子啊。"图小灵有些激动地说。

"你现在的样子也很奇怪，而且，越来越奇怪……"小沃禁不住小声道。

图小灵抬起手臂看了一眼，似乎没有什么特别的异常，只是皮肤的颜色略微变白了一点。于是他继续说道："你可能不知道，我当时，身体完全变成了一堆细小的方块，每个方块的颜色都不太一样。当然大部分方块还是接近我自己的肤色，但是把它们组合在一起就完全不像是人类的手臂和身体形状了，就好像是积木拼起来的机器人一样，就是那种'像素风'的样子，你明白不？"

"唔……"小沃点头不语。

"然后呢，就是你把我拽出屏幕缓存的一瞬间，我从远处还能看到自己的样子，不过之后马上就又变成天空船了。我猜当时应该是还保留着没有被擦除的前一帧画面吧？那帧画面里，我自己看起来就完全正常了，没有什么颜色块。这可真是奇怪啊，我还以为是我的眼睛出了什么问题？"

"嘿嘿，原来是这样啊。"小沃轻声笑了起来，"你猜的其实没有错，确实是你眼睛的问题。"

"啊？"图小灵有些不可置信地使劲揉了揉自己的双眼。

"确切地说，是你'眼镜'的问题。"小沃纠正道，"VR眼镜也好，屏幕也好，都是由许许多多的像素点组成的。"

"像素点？"

"嗯，怎么说呢，你肯定用过智能手机，或者智能手表一类的东西吧？你拿来拍照的时候，有没有听说过分辨率？"

图小灵马上回答："我知道啊，妈妈的手机分辨率高，拍照就清晰；

我的智能手表拍照就不行，分辨率特别低。"

"那么你知道分辨率具体是指什么吗？"小沃问道。

图小灵犹豫了一会儿，还是摇了摇头，"也许是分辨率大的照片就大，分辨率小的照片就小？"

小沃拍手笑道："说的不错。其实照片和屏幕的情形类似，都是由很多个看不见的小格子整整齐齐地排列组成的，每个格子画上不同的颜色，组合起来就成了一幅画的样子。这和你小时候玩过的那种 500 片、1000 片、2000 片的拼图差不多。2000 片的拼图就相当于分辨率更大的照片，上面可以表达的内容就更多，更精细。"

"原来如此。"图小灵不禁连连点头。"所以，像素指的就是某一块拼图，或者照片上的某一个小格子呗。"

"没错，照片和屏幕的分辨率，也就是横向和纵向排列的所有像素点的数量，往往是一个巨大的数字，比如……"小沃举起手指了指外面，"刚才的 VR 眼镜屏幕，它的分辨率可以达到 2560×1440 这么多个像素点，你能算出这里面总共有多少个像素点吗？"

图小灵吓得吐了吐舌头，这可真是一个天文数字。但是他转念一想，又觉得奇怪，"这和我的问题有什么关系？我的身体难道变成了这些小格子吗？"

"你说对了啊，你既然存在于屏幕缓存当中，那么你当然就是由很多个像素点组成的。换句话讲，你变成了一堆由各种颜色的小格子组成的形状。"

"可是，我为什么……"

小沃伸手制止了图小灵的提问："别着急，你想一想，你当时既然身处于屏幕缓存之中，那么你的眼睛距离这些像素点，就相当于是无限接近的，对吧？"

图小灵恍然大悟地点点头。

"不用谢我，我知道你懂了。"小沃愈发得意起来，"你身处在像素点中，直接看身边的其他像素点，当然觉得它们变得很大了，而且看起来非常粗糙。这就好比你把一张手机照片的局部放大到非常大的地步，就算照片整体看上去很清楚，这一个局部看起来也依然是模糊的，颗粒状的，不是吗？"

"我知道了，当我离开屏幕缓存的那个瞬间，我是从远处看到屏幕当时的图像，所以感觉就完全正常了。"图小灵也兴奋起来。没想到，自己刚刚经历的一切看起来那么神奇，却又是那么的理所应当。

"很多手机屏幕，还有 VR 眼镜的屏幕，都有非常高的分辨率，"小沃趁机补充道，"这样可以确保人们就算是从很近的距离去观察屏幕，也依然看不出颗粒感，也就是看不到单个的'像素'。这样人眼感受到的画面就是顺滑而细腻的，能够做到这一点的屏幕，还有另一个优美的名字，就是'Retina（视网膜）屏'。"

图小灵打了一个激灵：前几天同班同学刚刚跟自己炫耀过新买的苹果手机，说是用到了 Retina 屏。当时把小灵和其他围观的同学们蒙得一愣一愣的，觉得是多么了不起的高科技。现在想起来，原来只是像素点足够密就可以了啊。

"不过……"图小灵还在努力地回忆在屏幕缓存中发生的一切。

"不过什么？我可是有求必应的，这件事没人比我更在行了。"小沃似乎有用不完的时间，他悠哉地等着图小灵提出下一个问题。

"我记得自己被抽离屏幕的那一刻，屏幕缓存中还是维持着前一帧的画面。那帧画面里，好像有两个我啊？"

"两个你？"小沃有些不解。

"是啊，两个我是并排站立着，一个在屏幕的左侧，另一个在屏幕的右侧。两个我在做完全同样的动作。看起来，好像傻傻的。"

小沃沉吟了片刻，不禁笑出声来，"傻傻的，这个比喻倒是很形象。不过，立体视觉这个话题，就有点复杂了。"

进退失据的小灵

"所谓立体视觉，其实是 VR 眼镜本身的一项特殊功能。毕竟它和普通的屏幕还是有区别的，这一点你理解吧？"

图小灵似懂非懂地"噢"了一声，继续聆听小沃滔滔不绝的演讲。

"人的双眼看到的其实是差不多的画面，挡住一只，感觉对日常生活也没有特别大的影响，对不对？"

"对啊，这不是常识嘛。"图小灵满不在乎地回应。

"但是其实还是有问题的，不知道你试没试过长时间闭上一只眼走路，你走路的姿势一定不会很稳，而且你还很容易撞到门框或者别的障碍物。换句话说，你似乎不能判断其他物体距离你的远近关系了，必须得伸手摸索着前进，以免撞上去。而当你睁开双眼走路的时候，几乎不会发生这样的问题。"

图小灵回忆起自己小的时候，有一次因为细菌感染被迫在左眼贴上了纱布，然后走起路来就变成了滑稽的企鹅，整个世界都在眼前打晃儿。"好像还真是这样的，可这又是为什么？"

"这就是立体视觉的由来了，"小沃认真地解释道，"你的大脑会根据双眼看到的画面，分析出眼前每个物体距离自己的远近关系，计算机可没法轻易做到这一点。这是人脑的一种强大功能，科学家也无法完全解释它是如何产生的。不过，VR眼镜的研发者可以利用人脑的这种能力，通过虚构的左眼和右眼画面，让人脑能估算出正确的远近关系，从而让使用者戴上VR眼镜之后，有身临其境的感受。"

"那我大概就明白了，"图小灵用手指捻着下巴，"我会看到两个自己，就是VR眼镜在模拟人的左眼和右眼所见到的画面。如果有另一个人正通过VR眼镜观察的话，他其实只会看到一个'图小灵'的画面，而且他还能大概推算出，这个'图小灵'距离自己大概有多远，会不会撞上，是不是这样？"

小沃点头肯定又顺势补充道："而且，当你戴上VR眼镜在环顾四周的时候，本质上是通过眼镜里暗藏的一种传感设备，把你转头的方向、角度传递到了我们这里。"他指了指身旁忙个不停的GPU们，"我们会根据新的角度值，通过计算得到一帧新的图像，正好能够对应你看到的内容，然后输入屏幕缓存替换之前的图像。根据视觉暂留的原理，你实际感受到的就是自己抬起头看到了头顶的云层和星空，仿佛真的身处异世界一样。"

"是啊，而且这个输入图像的速度需要非常快吧，因为我有时候会特别快地转头，如果画面的输送跟不上的话，我看到的场景肯定就特别奇怪了，这么说起来，还真是辛苦这些 GPU 小兵，还有你说的那个'虚实之隙'了。"

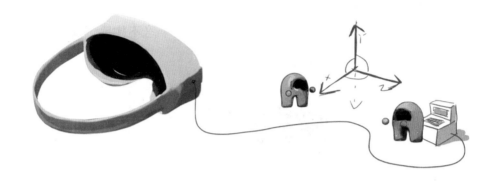

"看来你已经完全理解啦，那我就可以放心了。果然教导别人这方面，没有人比我更在行。"小沃笑道，"不过，'虚实之隙'不需要你担心，那并不是我们能控制的东西，而是一个神秘的建筑物，它应该是显卡制造出来的时候就已经存在了，我们到达不了那里，只能猜测它是连接到了屏幕。"

图小灵却一脸沮丧道："明明是我自己戴上了 VR 眼镜啊，为什么我会成了别人看到的画面？难道你说的'虚实之隙'还有吃人的功能吗？我不想就这么变成什么一帧两帧的动画，也不想变成一堆像素点，更不想在显卡里和一堆 GPU 一起生活啊！我想回家，怎么办？"

图小灵悲从心来，声音不禁带了一点哭腔。然而这个问题却着实难倒了看起来无所不知的小沃。他怔怔地打量着小灵，半晌都没有说话。

"你有办法送我回到原来的世界吧？"图小灵有些着急地向前迈了一步，握住了小沃的手。

"办法有没有倒是次要的……"小沃迟疑地回应道，"问题是，你看看你自己，已经不是之前来的时候那个样子了。"

图小灵有些诧异地举起自己的双手查看，却只看到了一团朦胧的白色。他又低头去看自己的身体，双腿和双脚，它们同样都变成了模糊不清的样子。这次可不是变成像素点那么简单的事情了，小灵的身体已经渐渐变得透明，仿佛下一刻就要消失一样。

"这是怎么回事啊？呜呜呜——"图小灵终于忍不住哭了起来，"小沃你救救我啊，我不想就这么消失。"

小沃也有些着急了，"这大概是因为你从外面误闯入显卡当中，身体开始被吸收了吧。我也不知道该如何是好了。"

"我不是误闯啊，明明是你拉我进来的。"图小灵大喊着，"你不是无所不能吗？求求你了，帮我恢复原状就好。"

"这个，这个……"小沃也急得团团转了起来，"我是新人，怪事见得少，如果我大哥或者 X 博士在的话，就好了。"

"X 博士？你能马上带我去见他吗？"图小灵急不可耐地抓住最后一根救命的稻草。

"这个……"小沃还在犹豫。身后机器的轰鸣声却逐渐停止了，成群结队的 GPU 们茫然地望着天空，不知道发生了什么事情。与此同时，小灵身体的异变似乎也停了下来，暂时维持在一团模糊不清的状态。

正在众人不知所措的时候。一个庄重而威严的声音响起了，"我就是 X 博士，你找我有什么事吗？"

③

渲染
工厂

众星捧月的博士

"他来了，他来了！X博士他终于来了！"欢呼的声音此起彼伏。这位博士大概是受到GPU们的热烈欢迎，他一脸满足地从簇拥着自己的人群中穿过，径直来到了图小灵的面前。

图小灵的眼前出现了一位身形富态的老爷爷，他的胡须和头发都是灰白色的，双手十分勉强地背在身后，似乎是正在努力顶住因为巨大的肚子而疲惫不堪的腰杆。他的头发稀少又乱蓬蓬的，有点像学校墙壁上名人画像中的那位著名科学家爱因斯坦，但是最上方的两束头发却奇异地交叉在一起，形成了一个X的形状，显得醒目而又滑稽。

图小灵不禁又偷偷瞄了小沃一眼，他的V字头和博士的X字头配在一起，还真是相得益彰，一看就是一家人的感觉。他这样想着，一时间竟然忘记自己正处在即将消失的危险当中，"扑哧"一声乐了出来。

"你笑什么，我很好笑吗？"X博士不满地问道。

"不是的，不是的，"图小灵连忙解释，"我只是觉得您的名字很容易记住，而且很威风。"

"那就好。"博士满意地笑了，他似乎很乐意听到奉承的话语，"我的名字是狄莱克特·艾克斯，d-i-r-e-c-t-x。不过全名的发音比较拗口，所以大家都称呼我为 X 博士。毕竟我是整个显卡世界中最博学的人，博士这个名号，也是实至名归吧。"

DirectX

博士一边说着，一边有些忌惮地看向身边的小沃，好像是想要征询他的意见。小沃的脸上略微带了一丝不屑的神情，有些敷衍地说道："是啊是啊，X 博士从很久以前就待在这里了，知道的事情肯定比较多，只不过大多数时候，他都是藏着掖着，不告诉我们。"

"你这是什么意思？"X 博士的脸色马上变得难看起来，"你看这里的每一个孩子，哪个不是我教出来的！"

小沃也尖牙利齿地反驳道："你教给他们什么了？你每次出现都是直接通知一个结果，从来不说明为什么这样做，对不对？你这种教会徒弟饿死师傅的老观念，早就该淘汰了。当今社会，要论知识开放的程度，没有人比我小沃更强。"

"一派胡言！"X 博士也焦躁起来，气得灰色的胡子都颤个不停，"显卡里的资源这么宝贵，设备这么精密，别人弄坏了怎么办？对于这些 GPU 来说，知道结果不就够了吗？何必把细节拆分得那么清楚！"

图小灵看着两个怪人吹胡子瞪眼地对骂，一时也不知道如何是好。他转身求助式地望着身旁的一个 GPU，轻声问道："这么吵下去没关系吗，你们有没有办法劝一劝他俩？"

GPU 白了图小灵一眼，回答道："这有什么，我们早就见怪不怪了。上次吵得更厉害，直接把计算机吵得蓝屏了。"

"蓝屏？"

"对啊，就是'砰'地一下子，计算机屏幕上所有的画面都不见了，也操作不了。就出现一个蓝色背景和一堆莫名其妙的文字，让你只能拔电源。"

"噢！我想起来了，"图小灵恍然大悟，"我在爸爸的计算机上见过，他当时写了半天的论文都消失了，气得都快疯了。"

GPU 得意地笑了笑，"不过托他们的福，我们也可以歇一歇了。"

图小灵还想发问，X 博士却气呼呼地走了过来。他大概是受够了不可理喻的小沃，想要和小灵对话来寻找一些安慰吧。

"小伙子，你知道我刚才救了你吗？"X 博士不客气地说道。

"是的，我感觉我的身体已经不再继续透明了，这一定是您的功劳，太感谢了。"图小灵忙不迭地道谢。他见 X 博士逐渐面露喜色，又补充道，"不过，您到底是用了什么神奇的方法，我觉得大家一定很想学习。我在学校也经常听老师说，授人以鱼不如授人以渔。您这么渊博的知识，如果稍微传给我一点点，相信我也能回学校吹嘘好久了。"

"哈哈哈——" X 博士被图小灵哄得心花怒放，他的胡子再次颤抖起来，不过这次每一根发须都流露出喜悦之情。"没问题，没问题，我这就原原本本地讲给你们听。" X 博士得意地说道，顺便瞥了瞥正在不远处生闷气的小沃，从鼻孔里发出了"哼"的一声。

这个所谓显卡世界里的人，心思都好简单啊。图小灵心中禁不住暗想。

"我刚才触发了计算机系统的低功耗模式，"博士一本正经地解释道，"简单来说，就是让计算机暂时无法全力工作，只能以比较慢的速度处理少量的事务。同样，机器本身也不会消耗大量的电能，也不会发热。"

"嗯，不言不语就突然强制低功耗模式了，使用计算机的人一定会很开心吧。"小沃忍不住出言讽刺道。

"多余的家伙快闭上嘴。" X 博士翻了个白眼，继续说道，"你来到我们的世界，还有你的身体发生异变，我刚才一直在远处观察着。说实话，以我渊博的学识，暂时也不能判断你是怎么进来的，以及你为什么会逐渐消失。不过只要让这台计算机的运行速度慢下来，我想总还有时间找到方法。果然，我的计策奏效了。"

X博士一边讲解，一边偷偷观察图小灵的神态。见他表露出一副佩服和赞同的表情，还不住地点头，X博士的情绪也愈发地高涨了："我想，你一定很想知道我的身份吧，为什么我显得比这里的其他人都更为尊贵和威严？"

图小灵暗自吐了吐舌头，连忙继续点头表示同意。一旁的小沃则悠哉地吹着口哨，似乎在学唱一首难听的歌。

X博士顿了一下，接着说道："显卡的目的是生成连续的图形，这图形可能是模拟真实的情景，也可能是完全虚构的画面。但是不管怎么说，它都是通过我，以及这些GPU的努力制造出来的——这就是计算机图形学的最基本定义。"

"咳……嗯！"小沃使劲儿清了清嗓子，有意无意地表达着自己的不满。

X博士转头看了看小沃，露出一丝得意的神情："当然了，小沃这个家伙，也算是我们中的一员，不过他只是个新人。而我，是从计算机图形学这门学问诞生的那一刻开始，就为之而奋战的人物。用你们人类的话来说，就是鼻祖。"

"你这就是吹牛了，"小沃终于忍不住插话，"我大哥欧吉尔才是鼻祖吧！"

"住口！那种擅自离开的家伙，有什么好提的！"X博士有些发怒。

"这，就算是……也不能这样……"小沃有些有理说不出的样子。X博士却毫不顾忌他的感受，继续介绍，"计算机图形学发展到现在，大致可以分为两个流派：离线渲染和实时渲染。人们在绘画的时候，会预先想好自己要绘制的物体的模样，然后再把它展现到纸上。我们做的事情也差不多。这里所说的渲染，指的就是将预先设想好的物体绘制成图形的意思。"

"噢……"图小灵努力跟上 X 博士的思路。

"有的绘制过程是很花费时间的，尤其是你想要得到非常精美又非常巨大的图画的时候——我们可能需要工作几小时甚至好几天才能完成一幅画面。如果是拍动画电影，那需要的就远不止一幅画面了，可能要成千上万幅画面才行。这就是离线渲染擅长的领域，绘制多少天都没关系，很多台计算机一起参与也没关系，只要结果足够震撼就够了。"

原来如此！图小灵心里琢磨着：怪不得我最喜欢的动画片，只播了十多集就草草结束了，居然制作起来这么麻烦。

"另一种常见的图形，比如你玩的电脑游戏，就属于实时渲染的范畴了。"X 博士滔滔不绝地讲，"所谓实时，指的是动画生成的时间，和现实中经过的时间几乎相等。也就是说，为了确保你看到的游戏画面是流畅的，我们需要在一秒钟的时间里连续生成几十幅图像。这里从科学的角度来说，不能叫一幅图像了，而是……"

"一帧图像，对吧？"图小灵脱口而出，顺便瞅了瞅身旁一脸欣慰的小沃。

"你这个孩子还真不简单。"X 博士愣了一下，随即赞许道，"不过你有没有想过，为何我们能这么快地生成图像呢？甚至在你按下游戏手柄的瞬间，显卡里就能根据你的输入，瞬间生成射击或是四处奔跑的画面。能拥有这么强大的运算能力，就不得不提到这座宏伟的建筑——'渲染工厂'，以及显卡中的 GPU 和流水线了。"

"可是，X 博士，我其实还有一个重要的问题。"图小灵急忙说道，毕竟这个时刻，他最关心的还是如何回家，显卡里究竟是怎么工作的，这种问题哪怕之后再了解也是可以的吧。

X 博士却仿佛完全沉浸在自己的世界里，不闻不问，径自向远处的奇异设备走去。

"X 博士这个家伙啊……"小沃叹了口气，"一旦打开话匣子，就不会轻易关上。你还是等他把想说的都说完再提问吧。哎，没有人比我更了解他了。"

流水线上的工人

"你知道 CPU 和 GPU 的主要区别是什么吗？聪明的孩子。"X 博士的心情比之前好了许多，说话也变得和蔼起来。

"嗯……"图小灵努力搜刮着脑海中仅有的几个词汇，"CPU 负责控制计算机，然后 GPU，负责显卡。就这些吧？"

"这么说当然也没错，不过我想问的并不是这件事。你有了解过自己家计算机的 CPU 的能力吗？"X 博士不满意地追问道。

"我记得爸爸跟我说过，这台计算机用了 8 核 CPU，能力比别的计算机已经强得多了。"

"8 核，呵呵。"博士冷笑了一声，回身向着密密麻麻的 GPU 挥手道，"你们听到了吗？大家都是计算机的核心。但是 CPU 核只有 8 个，而你们的数量，是成千上万个！"

"喔，喔，万岁！"GPU 们纷纷欢呼起来。图小灵则有些诧异地望着这群欢乐的小精灵们，搔搔头皮，感叹道，"这么一比的话，还真是奇怪。"

"你感到奇怪就对了，"X博士笑道，"既然都叫作核心，为什么GPU有这么多核，而CPU只有区区几个而已？这就涉及流水线的概念了。"

"流水线？"

X博士叹了口气，"你年龄还小，也许没有见过。打个比方吧，生产一辆汽车需要很多步骤：安装车身、座椅、方向盘、轮胎、发动机和喷漆等。一个工人不可能把所有的步骤都学会，也不可能一个人造一辆车出来。因此，需要安排很多台机器和很多名工人，每人负责一到两个步骤即可。这辆汽车就在机器和工人之间来回流动，直到组装成型——这就是流水线的基本概念。"

"原来如此，听起来可真是麻烦。"图小灵吐了吐舌头。

"计算机中的流水线也是如此，CPU核与GPU核本质上都是工人。只不过，CPU要完成的任务比较复杂也比较困难，要求每个工人都拥有强大的力量和渊博的知识，对应的身体也就非常庞大。这样一来，一台计算机能够安装的CPU核就非常有限了。"

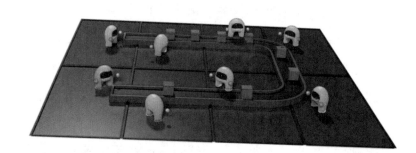

X博士顿了一下，确定图小灵还在认真听讲，这才继续说："不过，GPU核的任务就相对简单得多了，你知道像素的概念吗？GPU流水线最核心的任务就是给屏幕中的每一个像素点画上合适的颜色。除此之外，这些小家伙们就没有其他的工作任务了，可以随便偷懒。"X博士的言论在GPU小人中引发了一阵略显不满的低沉抗议，不过他并不理会。

图小灵则思考了一下说道："不过像素点应该有很多吧，我听小沃讲过，足足有2560×1440那么多，而且每秒都要画好多张图在屏幕上，这样的话也就没时间偷懒了。"

X博士瞄了一眼默不作声的小沃，回答道："确实，这也就是GPU核的数量众多的根本原因。虽然工作的内容简单，甚至经常是重复性的工作，但是工作量大，需要大家一起上阵才能快速完成。很多GPU小人并肩作战，一起完成计算像素颜色和显示的要求。这就是我们身处的伟大领域——'渲染工厂'的价值了。"

图小灵点点头："我懂了，CPU核就是班里的优秀学生和班干部，人数少，总是被关注，所以学习好，还经常主动表现自己；而GPU核有这么多，感觉就像学校组织的大合唱一样，偶尔有谁滥竽充数，偷懒不张嘴，其实也看不出来吧。"

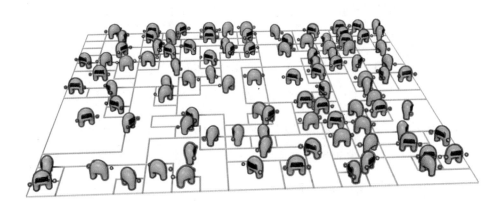

"说的对，而且不光是GPU核会偷懒，有的时候，带头的家伙也会偷懒都说不定。"X博士瞅向小沃的位置指桑骂槐。

"我不跟你吵架，吵架这事我不是最在行的。"小沃服软地说道，"你与其高谈阔论，不如先想想办法，怎么把这小子送出去吧。他毕竟不是显卡世界里的人，待久了，不知道还会出现什么麻烦。"

"哼，算你说的有道理。"X博士转换了话题，"要送这个孩子出去，其实很简单。他怎么进来的，就怎么离开。"

"这话怎么讲？"图小灵和小沃同时追问。

X博士有点轻蔑地回答："你们稍微动一动脑子，这个孩子是从'虚实之隙'进入屏幕缓存中的，对吧？那显然就是屏幕出了问题，我们在显卡里怎么琢磨都是空谈，唯有把他送回屏幕缓存，才有机会判断下一步该怎么办。"

"这——"图小灵一想起那个让人绝望的扁平空间，就不由得浑身发抖，"我可不想再回那种地方了。"

"你有更好的方法吗？"X博士的语气变得严肃起来，"你从屏幕外面进来的时候，肯定留下了某些缺口或者空间什么的，那就是通往现实世界的关键。不从唯一的缺口离开，难道你还打算在这里住一辈子不成？"

"或者我们可以帮忙申请一下磁盘空间，把你保存到一个U盘里带出去。"小沃也坏笑道，"只不过你下次再去学校的话，只能选择自带USB接口的课桌了。"

"不行，那可不行，还是从屏幕走吧！"图小灵害怕地叫嚷起来。

X博士摆了摆手，示意图小灵安静下来，"好了，不开玩笑了。既然决定还是从'虚实之隙'离开，那么我们就得好好筹划一下了。"

图小灵一头雾水地问："筹划什么？既然是从'虚实之隙'离开，那我就直接跳回去，跳到屏幕缓存中啊？"

"这——"X博士和小沃面面相觑，然后异口同声地问："你要怎么跳？"

"就像我来的时候那样，既然可以'唰'地一下子进来，那也应该能'唰'地一下子出去。小沃你应该清楚吧？当时就是你把我拽进来的。"图小灵脑海里想象着自己穿越灵境的情景解释。

　　小沃有些难为情地摆弄着自己的 V 字形头发："这样啊，但是你应该已经听明白了吧——所谓的计算机图形学，是要生产一帧一帧的图像，然后分解为像素点，再传输到屏幕缓存的，缓存中的数据会定期穿过'虚实之隙'，然后再把新的图像填充进去。我们这里被叫作'渲染工厂'，正因为我们负责的就是这种日复一日的生产工作。但是你这样一个大活人，想一下子就进去，我们做不到啊。"

　　"可是，你怎么能把我拽出来呢？"图小灵愈发着急了。

　　"这不难理解吧……"小沃支支吾吾地说，"那个时候，你也是由很多像素点组成的，就算你和我们发送到屏幕的图形完全不一样，我也能很容易就把你从画面中摘出来。但是要我再用同样的方法把你塞回去，我就不知道该怎么做了。"

　　"怎么会这样？"图小灵感觉天旋地转起来，带着一点哭腔嗫嚅道，"那我还怎么回家啊，就没有别的办法了吗？"

　　"所以才说，要好好筹划一下啊。"X 博士不耐烦地打断了图小灵和小沃的对话，"办法当然有，只不过，比你想的要麻烦一些。"

　　他稍等了一会儿，见图小灵和小沃都没有什么动静，这才淡定地开口继续说："我刚才已经说过了，所谓 GPU 核的工作，本质上就是给每个像素设置不同的颜色，然后将整个画面呈现到屏幕里。通过无数像素点的色彩变化，画面里可以出现天空、海洋、轮船和飞鸟，那么自然也可以出现这个孩子。所以，只要能够把你的样子用像素点的形式表现出来，就可以把你送回到屏幕中了。"

"那太好了！"图小灵的脸上也露出笑容，"我们快开始吧！"

图小灵用期待的目光望向 X 博士，却发现他只是木然地站在那里，并没有马上开始下一步行动的打算。他又看向小沃，对方竟也是一脸无可奈何的样子。小灵有些手足无措地转头去看后方簇拥着看热闹的 GPU 们，只见他们全都摊开了双手，似乎是有什么话想说，却又不知从何说起。

"有什么问题吗？"图小灵疑惑地问道。

"问题就是，这里没有人知道，你应该是什么样子的。"X 博士沉思了良久，才缓缓地开口说道。

"这不是开玩笑吗？"图小灵又是气愤又是不解，"虽然我现在的样子变得有些奇怪，但是之前，小沃还有很多 GPU 们，都见过我的。怎么能说不知道我长什么样子呢？"

"你可能不理解我这句话的意思。"X 博士叹了一口气，"我换个问法，你能详细地描述自己的样貌吗？"

"怎么不可以？"图小灵大声回答，"我是一个四年级的小学生，今年9岁。我长着黑色的短发，身材不高，但是很匀称。眼睛不大不小的，脸型也是圆圆的，眉毛……不粗也不细。那个，就差不多这样，就可以吧？"

小沃笑着说："你这番描述，大概能匹配几万个小学生吧。眼睛不大不小，眉毛不粗不细，身材不上不下，肤色不黑不白——大部分人类不都是这个面貌吗。如果有一个画家按照你刚才说的样子，直接给你画像的话，大概只能画个'四不像'出来吧？"

"可是……可是语文书上也是这么描写人物的。"图小灵无力地辩解道。

"所以，我刚才说好好筹划的意思，就是要让你学会描述自己的方法。"X博士再次开口道，"用我们能理解的方式——不是用语文书上的方式，而是用计算机图形学。"

领袖或接口

图小灵感觉自己的大脑快要爆炸了，计算机图形学这个今天才刚刚灌输给他的新名词，没想到这么麻烦。不就是用计算机来画画吗？要画一幅自己的自画像，这难道不是美术老师手到擒来的事情吗？而且，除了用语文书上学过的那些形容词来描述人物之外，还需要什么样的描写方式呢？难道说要把每天什么时间上课、什么时间睡觉之类的作息表，都原封不动地和盘托出才可以吗？

"你也不用太着急，"小沃好心地安慰道，"X博士说话确实经常故弄玄虚，他的意思啊，其实就是让你用数学的方式来描述自己。"

"数学的方式？我是可以加减乘除出来的吗？爸爸加上妈妈？还是牛肉减去鸡肉等于我？"图小灵瞪大了眼睛。

"什么叫故弄玄虚！"X博士也瞪大了眼睛怒吼。

"不是那么简单的数学啦，"小沃使劲儿地挠着自己的后脑勺，"那个，怎么说呢，你知道函数吗？"

图小灵茫然地摇摇头。

"欧氏几何呢？线性代数呢？"

图小灵更加迷糊了："什么袋鼠？澳大利亚的那种吗？"

X博士在一旁偷笑起来："小沃你这个不自量力的家伙，把这么细节的知识拿出来考一个小学生？"

小沃狠狠地瞥了博士一眼："哼！没办法，谁叫我是一个开明又开放的人呢。不像某些老古董……"

"你说话的态度实在是太过分了！"

正如图小灵所预料的那样，这两个火爆的怪人，再次吵起来了。小灵深深地哀叹了一声，转头看向那些一直在静静地观望的GPU们。

"话说，你们为什么不能直接照着我的样子画像呢？这很难吗？"他随口问身边最近的一个GPU。

"不难啊，"GPU满不在乎地说道，"只要能描述你。"

"描述我？用数学的方式？"

"数学什么的，我也不是很懂啦。"GPU的回答出乎图小灵的预料，

"你告诉我颜色值就行，红色？绿色？蓝色？或者混合色？都可以。"

"这个……"图小灵一时语塞，"谢谢你，GPU。"

"不用谢，我叫4096号。"

图小灵朝着4096号点了点头，又怀着一点希望看向他旁边的另一个小人："你也需要通过颜色来描述我吗？"

"我？我是512号。"GPU回答说，"颜色是什么我不了解，我是负责顶点设置的，告诉我一个点的XYZ坐标就行，有别的属性就更好啦。"

图小灵一愣，原来这些GPU的工作内容还有区分呢？"那么，你呢？"他好奇地转向更多簇拥过来的GPU们。

"我是1024号，负责图元装配的，你是三角形吗？告诉我三个连接点的信息。"

"我是2048号，负责投影。"

"我是4608号，负责深度测试。"

此起彼伏的声音，让图小灵感到天旋地转。天哪，怪不得这里没有人能直接给自己画像，这些GPU的工作职责原来这么琐碎，看来还是得求助于他们的"大领导"才行。

"你要去找那两个'接口'吗？"见到图小灵转身走向争吵不休的X博士和小沃，1024号突然开口问。

"什么接口？他们不是这里的总管吗？"图小灵问道。

"总管……"1024号露出了不屑的表情，"这是你们人类的说法吧，其实他们的全名，应该叫API才对。"

"A、P、I？Apple？苹果？不对啊，不是这么拼写的。"图小灵左右摇晃着脑袋。

"比苹果可麻烦多了，这是一长串英语名词的缩写，你不用记那么清楚啦。"512号把话茬接了过来，"翻译过来就是应用编程接口的意思。"

"噢，API，阿屁，应用程序编程接口的意思。"图小灵自言自语地念着，打算把这个罕见的英语词汇背下来，回到现实中跟同学好好吹嘘一番。

"不能连起来读，不是阿屁啦，就是A、P、I。"512号慌忙制止道，"你就记住接口两个字好了。"

"可是，为什么他们是接口呢？"图小灵的好奇心被激发起来，"接口难道不是USB接口，或者电视接口一样的东西吗？"

"其实有类似的意思哦，"这次说话的是2048号，"你想一想，U盘通过USB接口插在电脑上，才能把里面的文件复制出来。传输线通过接口连接机顶盒和电视机，才能把预先准备好的节目放映到屏幕上——这其实就是接口的最基本概念：通过指定的规则和连接方式，把外界的数据输入进来，并且按照规则去执行它。"

图小灵点点头，U盘的数据必须通过那个方形的小接口才能输入电脑，然后才能识别和打开文件。电视节目也必须先把一根HDMI线插进一个接近梯形的小口里才能播放。小灵以前还想过这些接口为什么不能统一起来，现在看来，必然是考虑到"需要匹配不同的规则"才使用了不同的形状吧。

"那么，X博士和小沃，也是各自遵守着不同的规则了？"图小灵接着问。

"没错，他们对应了不同的编程规则。"4096号也打开了话匣子，"虽然最终负责执行的都是我们这些GPU，但是你们人类中存在着名为程序员的职业，来负责各种数据和指令的发送与传输。有些程序员喜欢使用Vulkan作为自己的编程接口，也有很多人选择历史更悠久的DirectX。他们俩的工作方法，生活习惯，还有情绪和性格的差异都很大，不过给我们安排工作的时候，却都是毫不留情的。哎，真有点怀念当年的Open……"

"嘘，不要说，这是禁语！"2048号急忙阻止道。

图小灵并没有在意GPU们刻意隐瞒的信息，他现在思考的，还是从这里尽快脱身的方法。GPU们都有自己擅长的工作领域，但是没有人能够直接画出图小灵的形状，而X博士和小沃虽然自称是显卡里的主管，但实际上也只是与外界进行沟通的'接口'而已。他们一直吵吵嚷嚷，迟疑着不肯主动帮助自己脱困，恐怕也不是故意为之，只是没有人类程序员的输入，他们根本不知道下一步该如何进行吧。

既然如此，那我不如自己来。毕竟我已经是小学四年级的学生了，又不是没有自学能力，不就是计算机图形学吗，大不了边学边做。想到这里，图小灵终于打定了主意。他径直走到还在喋喋不休的博士和小沃身前，大声咳嗽了一下，说道："两位阿屁，不要再吵了！"

"啥？"小沃和X博士同时面红耳赤地回头。

"我知道你们为什么没办法画出我的形状了，因为你们都是接口嘛。没有程序员的帮助，你们并不能自己主动生成图形，也就没办法指挥GPU核去操作流水线上的各个机器，把图形输送到屏幕缓存里，对吧？"

"呃，你连这个都知道了……"小沃的脸上写满了尴尬，"我还以为除了我没有人能了解这里的奥妙呢。"

"哼，肯定是那群吃里爬外的家伙说的。"被戳破了身份的X博士生气地说，"这些小东西平时对我毕恭毕敬，暗地里肯定没安好心，早就想造反了。"

"不过，你们也不要太难过。"图小灵话锋一转，"其实，我还是很感激小沃你的，毕竟是你最先救了我，咱俩以后一定是最好的哥们儿。"

见到小沃紧皱的眉头舒展开来，图小灵又转身对着 X 博士说道，"还有 X 博士，你有那么丰富的知识，一定也不是普通的接口吧？我觉得没有你的帮助，我不可能走出这个世界的。等我回到学校之后，一定把你介绍给我的同学们，让他们好好地崇拜一下显卡世界里最博学的老师。"

"嗯，嗯！那倒不必了，应该的，应该的。"X 博士也语无伦次起来，喜悦之情溢于言表。

"不过，现在我还是需要你们两位帮忙，我一定要设法离开这里才行。所以你们不要再吵架了，只要我们齐心协力，一定能找出让我回到现实的方法。"

"是的，没错。"X 博士和小沃一起频繁地点头。身后的 GPU 们也欢呼雀跃起来。

"那么，既然你们的身份是阿屁——不，接口。那么就由我来担当这个程序员的角色，我把自己的数据传输给你们，再由你们交给 GPU 去处理，最后生成我的模样发送到屏幕缓存去，好不好？”

“好是好，”小沃一脸狐疑地说道，“问题在于，你学过编程吗？”

“没有。”

“计算机图形学呢？几何和线性代数呢？”

“也没有。”

“那你有什么啊？”小沃和 X 博士同时沉不住气，追问道。

“我有你们在啊，你们把规则教给我，我来重塑自己的身体。如何？”图小灵挺直了腰杆回答道。

小沃和 X 博士互相对视了一眼，两人又一起看了看身旁越聚越多的 GPU 们。不一会儿，他们竟然不约而同地笑了起来。

“真是一个不知道天高地厚的小子呢。”X 博士笑道，“既然这样，我们就去‘造型之谷’找找灵感好了。”

4

造型
之谷

无处不在的坐标系

在显卡的世界里，原来不只有神秘的"虚实之隙"以及"渲染工厂"这么简单！大家一边走着，一边听知识渊博的 X 博士讲述这里的地理知识。整个队伍浩浩荡荡的，簇拥着小沃和 X 博士两个接口老师，以及图小灵前行。

工厂的墙外是高耸入云的一座座山峦。这些山的样子和图小灵印象里完全不同，它们大多是笔直朝着天空生长的，而且光秃秃的一点绿色都没有。每一座山峰和山谷都是极有规律地交错生长，直上直下，与其称之为"山"，倒不如说是厨房里放菜刀的刀架更为合适。

山峰很高，然而山顶的景色根本就看不见。图小灵只是隐约觉得那里会是漫天黄沙的孤城，抑或是狂风呼号的绝地。巨大的响声在天边不断回响着，乌黑与混沌占据了远方的一切；闪电似乎正不断冲击着每一座山峰的顶端，试图从山巅劈开一道锋利的裂缝，或者削去一块碍眼的巨石。这样的联想让小灵多少有些不寒而栗——幸好我直接到了工厂里面，而不是在这个奇异世界的某座山上。他心里暗自庆幸着。

层层山峦将整个工厂围了一个严严实实，只有少量的道路通向山外。这样的景色多少让图小灵觉得有些压抑。而每当仰望天空的时候，那黑压压的云团和若隐若现的轰鸣声始终让人感到不快。到底是什么样的庞然大物在远处的天际中呼啸，才能带来这样的巨响呢？小灵默默琢磨着。

　　"我们即将前往的地方，叫作'造型之谷'，就在这片'光之山丘'下方的镇子里。"X博士滔滔不绝地介绍着，"那可是绝佳的避暑胜地，也是距离工厂最近的休闲场所。"

　　"名字还蛮好听的。"图小灵点头道，"不过那些山看上去好像没有绿荫也没有积雪，和以往我在大自然中看到的景色完全不同。这样的'山'和'谷'我还是第一次见到。"

　　"嗯，这里毕竟不是人类的世界，有差异也是很正常的。"X博士回答。

　　大家到达目的地休息了片刻之后，X博士决定先把最基础的知识传授给图小灵。他清了清嗓子，慢慢说道："计算机图形学的范畴其实很广泛，比如你看到的软件菜单、进度条、漫画、文档、电子表格、PPT等，都是需要通过图形绘制来完成的。只不过这些大多是抽象的，而我们面临的问题，是更为复杂的三维图形生成。"

小沃接过了话题："从通常意义上来说，人类是生活在三维空间的生物。所以，如果没有办法重塑你的三维形态，那么就算是画了一幅画传递到屏幕上，它也只不过是一幅画而已。你的家人和同学肯定不希望看到一个宛如纸片一样的小灵吧？"

图小灵连忙点头："这些我明白了。不过，我有一个很关键的问题，电脑显示器也好，VR眼镜也好，如你们之前说过的，那只是一个充满了像素点的屏幕对吧？三维世界的我，要如何传递到二维的屏幕缓存中呢？"

"真是一个好问题，"X博士用赞赏的口吻说道，"这也正是三维图形学最核心的问题之一，一两句话可描述不清楚了。"

见X博士又习惯性地卖起了关子，小沃忍不住补充道："其实屏幕也有第三个维度，叫作深度。如果把屏幕看作一个大长方形的话，它有长度和宽度两个维度，而深度就是隐藏的第三个维度了，只不过对于观众来说，这个维度总是正好和他们的视线平行，所以看不到罢了。"

"原来如此，"图小灵觉得自己茅塞顿开，"我在现实世界中，可以前后左右地跑动，前后和左右就是我最常使用的两个方向；然后当我坐地铁或者坐飞机的时候，我在高度方向就会有上升或者下降——这里有三个维度，所以叫作三维世界！而屏幕空间中也是三个维度，所以它们从本质上是一致的！对不对？"

"嗯，虽然还是有些差异，不过大抵如此，孺子可教啊。"X博士满意地点头道。

小沃趁机补充道："你刚才的比喻确实很好。你自己向前或者向后跑动的时候，你的运动方向可以称之为一个坐标轴，我们暂定它的名字叫Y轴；然后你向左或者向右的横向走动，是另一个坐标轴，暂定它的名字是X轴。"

"X轴？X博士所在的轴吗？"图小灵一边发问，一边学着博士走路的样子，摇摇摆摆地挪动着。

"孺子啊，淘气的时候，就不可教了。"博士故作发怒的样子，"英文字母 X、Y 和 Z 被经常用来表达数学公式中的未知数，而在计算机图形学中，它们被经常用来表示坐标轴的名字，这和我的姓名毫无关系。"

图小灵笑着吐了下舌头："我知道啦。这样的话，我坐飞机或者坐地铁的时候，就是 Z 轴上的运动吧，Z 表示高度所在的方向？"

"没错，"小沃点头道，"我们沿着这三个轴向画三条短线，它们互相垂直，构成了一个三维坐标系统。而这三条轴线相交的地方，就是你在当前时刻所处的位置，我们称之为坐标系的原点或者零点。"

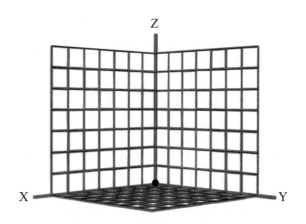

"嗯，大概理解了。"图小灵使劲地吸收着全新的知识，"不过，这个坐标系又有什么用处呢？"

"很有用，它可以定义出任何人在你的什么方向，距离你有多远。"

"啊，这么神奇？"

小沃得意地摆了摆手指："我举个例子吧。你们班有多少同学，你坐在教室的什么位置，能写给我吗？"

图小灵点点头，随手在松软的地面上涂抹起来，不一会儿就画出了一幅班级中的座位表，还贴心地标注了自己熟识的几个同学的名字。

"让我看看——"小沃把头凑了过来，V 字形的头发蹭得图小灵浑身发痒。"嗯，五排座位，每排 5 个人。这么巧，你正好坐在最左边第一排的最后一个。"

"嗯，老师安排的，我是好学生嘛，坐靠后一点可以监视那些上课捣乱的同学。"图小灵有些骄傲地回答。

小沃继续说道："还记得你是零点的这个设定吧？这样的话，你在 X 和 Y 方向上的位置都是 0，Z 方向也是，你的坐标点就可以记录为 (0，0，0)。"

"喂！这种感觉我好像语数英三科都考了零分一样。"图小灵有些不满。

小沃满不在乎地接着说："坐在最右边一排第二个的这位心唯同学，她在 X 方向上距离你有 4 排之远，Y 方向则差了 3 个座位，你知道她的坐标点可以怎么记录吗？"

"我想想，如果这些坐标都从 0 开始计数的话，那她的坐标点应该就是 (4，3，0)？"

"是的，这就是我说的，坐标系的用处。有经验的人只要根据这个坐标值，就可以马上推断出她大概在你的什么方向，什么距离。比如——1024 号 GPU，你站在那里不要动！图小灵，你看看 1024 号目前所在的位置，是不是就相当于心唯同学在你们班里的位置了？"

图小灵瞪大眼睛看过去，还真是没有什么差别！这可太神奇了，要知道小沃根本就不是现实世界中的人类，更不可能去过自己的学校和班级。他居然一下子就能找到自己同学的位置，看来坐标系还真是某种强大的神秘武器。

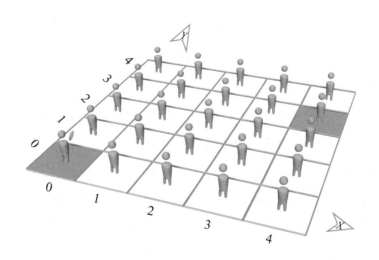

久未发言的X博士此时也发话了："这个坐标系和坐标点，无论在现实世界，还是计算机图形学的虚拟世界，都是非常重要的。小伙子，你听说过经纬度吗？"

"我好像知道一点点。"图小灵一边点头一边回忆道，"地球靠近赤道的地方，纬度就接近0度，靠近南北极的话，就是南纬90度和北纬90度；经度的话，就相当于把地球竖着平均切分成很多块，我家的经纬度大概是……"

"北纬40度，东经116度。"X博士说着，变魔术一样地从口袋里掏出了一张世界地图，不假思索地指出北京的位置。

"如果把纬度看作是Y轴，经度看作是X轴的话，看来这也是一个坐标系呢，"图小灵说着，在地图上开始找原点的位置。"经度和纬度都是0度的话，这个原点应该是在……嗯，在海里吗？"

"没错，地图的原点就在海里，"X博士笑了起来，"赤道与本初子午线的交汇点是一片海水，被称为'空虚岛'。"

"这里居然什么都没有啊。"图小灵有些失望地说道。

"这里虽然什么都没有，但它却是整个地球坐标系统的核心。"X博士解释道，"地球上的每一座城市，每一处景点，都有一个唯一的坐标位置，就是经纬度坐标。通过经纬度坐标，人们可以快速定位自己要去的地方，绘制路线图，和朋友取得联系。对于地球这个大的坐标系统而言，每个坐标点都是唯一的，永远都不会重复，所以它是描述绝对空间位置的最好方式。"

看来下一次和朋友确定秘密基地位置的时候，一定要用上坐标系的概念。图小灵一边听着，一边暗暗想着。

"绝对空间位置，指的是坐标系能够保持恒定不动，进而计算得到的位置信息。"小沃再次补充道，"不过刚才我们说过，在你的班级里是以你自己为零点建立的坐标系，这里对应的就是相对空间位置了——

因为你自己本来也在乱跑嘛。所以哪怕心唯同学静坐不动，她在你的坐标系中也会不断地变换位置。"

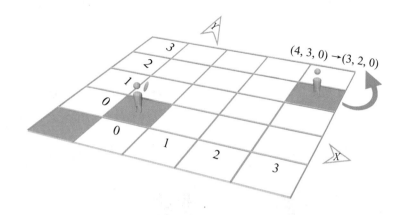

图小灵想着平时安静稳重的心唯同学，就算坐着不动，在自己的坐标系中也会四处乱跑的滑稽场景，忍不住笑出声来。坐标系的概念，还真是越想越有趣。

"那么，你还记得刚才我们定义了好多个坐标点吗，比如（0，0，0），（4，3，0）这些。"小沃并没有给图小灵留下太多想象的时间和空间，"它们每个都可以称为三维空间的一个顶点。而顶点，正是把三维世界的你重塑出来的关键因素之一。"

图小灵屏气凝神，等待着小沃的下一步指示。

只见小沃从口袋里掏了半天，拿出了一支老旧的记号笔。他走到图小灵的面前，蹲下身子，V字形的头发几乎搭在了图小灵的肩膀上。他用笔在小灵的双脚中间画下了一个圈，再把它仔细涂黑。然后小沃轻轻地沿着图小灵脚尖的方向画出一条短线，标了一个Y的符号；再垂直于这条短线，往小灵的右侧画了第二条短线，标注为X。图小灵知道，这应该是要制作一个全新的坐标系了。

"Z轴要从地面指向你的头顶，不过我就不画出来了。你现在可千万不要动，"小沃警告道，"这个黑点就是你的身体所在的坐标系的原点位置。之后我在你身上画上的每一个点，都是基于当前坐标系定义的。一旦你移动了身体，那就前功尽弃了，懂不懂？"

图小灵吓得大气都不敢出一下，轻轻地发出了"嗯"的一声。小沃笑了笑："不要那么紧张。"说着，他的笔就开始密密麻麻地落在了小灵的身上，不一会儿，就涂了一身的黑点出来。远远看去，此时的小灵就活像一个切开的火龙果，又或者刚出炉的芝麻烧饼一样，形象滑稽不堪。

如果就这个样子回家的话，不知道爸爸妈妈和奶奶会不会被吓到，但愿他们没有密集恐惧症吧。图小灵心里想着，身体却一动都不敢动。

万能的三角形

不知道过了多久，小沃终于如释重负地站起身来，扶着腰杆大喊了一声："完事啦！"他把记号笔往身后一丢，一脸满足地凝视着图小灵身上的一个个黑点，随手招呼 GPU 们上前。那些小人也不含糊，七手八脚地涌了上来，小心翼翼地爬到小灵身上。然后这些原本画在小灵身上的黑色坐标点居然被 GPU 们一口接一口地吃掉了。图小灵诧异地瞪大了眼睛看着，吃饱喝足的 GPU 们却踱着步子慢条斯理地走到一座黑色的扁平小房子面前，将吃下的坐标点吐了进去。

那些坐标点似乎是有了生命似的，排着队飘进了房子里，房子也随之慢慢变得透明了。图小灵可以看到刚才还画在自己身体上的坐标点们正急匆匆地寻觅着自己的位置。不一会儿，坐标点们就重新归位完毕，摆出的形状和之前在小灵身体上别无二致。从远处看起来，还真仿佛是小灵自己被复制了一份，像一件工艺品一样被摆在了橱窗里。

"这可太神奇了，"图小灵禁不住感叹道，"这就是GPU们每天的工作吗？"

"这只是其中之一罢了，"X博士满不在乎地回答，"这份工作的名字叫作顶点着色过程。简而言之就是把输入的坐标点摆放到正确的位置上，然后保存到'造型之谷'中的一栋栋小房子里。除非你想在这个过程中加入一些动画或者特殊效果，否则也没什么难度的。"

"这些小房子，是用来保存我的身体信息的吗？看起来只用其中一栋房子就够了啊？那别的房子是用来保存什么的？"

"又不是只有你的身体数据需要被保存下来，我们每天的工作量可太大了。"1024号一脸不满地走过来说。

"所以，这样就可以把我画出来了吗？"图小灵满怀期待地追问。

"怎么可能啊？你是怎么装配起来的，这些信息还没有呢。"

"装配？"图小灵有些莫名地低头看看自己的身体，手和脚都好好的长在原处，没有掉下来，也不需要装回去。那还需要做什么装配工作呢？

"它说的装配，指的是图元装配，不是要拆你的手脚。"小沃擦了擦头上的汗水，解释道，"你目前的形象还只是一堆黑点而已，你有想过怎么把它们变成一个整体吗？"

图小灵摇了摇头。一堆黑点，那就是好比把一大群乱哄哄的蜜蜂变成一个整体，那不就成了又强壮又能蜇人的超级蜜蜂怪？这件事，想一想就觉得好可怕。

小沃看出了图小灵脸上的畏惧，他笑着说道："我不知道你在瞎想些什么，不过，画一些简单的图形你总会吧。"

他说着，随手在地上点了四个点。"只允许画直线的话，你能用这四个点连成一幅什么图形？让我看看。"

图小灵点头，这么容易的问题他是不会退缩的。他伸手把每两个点依次连接起来，很快形成了一个四边形的形状。

"这不是很好吗？那么，更复杂的呢？"小沃说着，在地上飞快地点了一圈。图小灵也毫不示弱，马上用手再次把各个点连接到一起，这次构成了一个不太圆的圆形。

图小灵正在兴冲冲地画图，突然脑海中灵光一闪。他转头向着小沃问道："你说的图元装配，指的不会就是用点来构成这些形状吧？"

"嘿嘿，你明白得还是很快的。"小沃轻声笑了起来，"图元并不是什么高级的词汇，它指的就是一些基本的图形形状。而计算机认为，任何复杂的形状，无论是山峦河流、高楼大厦，还是动物和植物，都是通过这些基本形状拼接而成的。拼接的依据就是之前送入 GPU 的顶点数据，而拼接的过程，就叫作图元装配了。"

"这样的话，不就和我玩的乐高积木一样了？"图小灵恍然大悟道，"乐高积木也是要通过一些基本的零件来拼搭成复杂的形体，虽然有的时候看起来不怎么像就是了。"

"还是有些区别的。"X 博士在一旁观察了良久，此时突然发话，"用积木搭建物体的时候，就算是你看不见的部分，也需要加入积木块来做支撑和填充；但是三维图形学就不同了，我们使用了一种名为'边界表示法'的记录手段，只需要表面的顶点和图元信息，就可以把要绘制的物体表现出来；至于内部构造和骨架，只要看的人不需要看到，我们就不需要处理，这样也可以大幅度地节省空间和计算量。"

"这——"图小灵仔细咀嚼着博士这番话的意思。只绘制自己的表面就可以了？那么大脑、内脏和骨架都统统不必管了呗？这样的话，就算是回到了现实世界，自己不会也已经变成一个毫无意识的空壳了吧？

X 博士看出了图小灵的疑虑，他将了将自己的 X 型头发，接着说道："计算机图形学只关注显示的结果，我们要做的也只是把你的外表原封不动地送回去。至于你的身体里面的部件，应该还留在现实中，不然这个小小的计算机也装不下呀。"

"呃，我明白了。"图小灵苦笑了一声，勉强算是放下心来。

小沃耐着性子等 X 博士不再言语，这才继续说道："图元的类型有很多，比如你刚才画的四边形、圆形，还有一些其他形状。不过，显卡里通常不会考虑那么多的可能性，从本质上来说，我们只关注一种类型的基础图元，那就是——"

"三角形，耶！" GPU 们齐声欢呼。

图小灵有些诧异："三角形？这好像是一个很麻烦的图形啊。我上课的时候听老师说过，三角形有很多种，什么直角三角形、锐角三角形、钝角三角形，而且求面积的公式也特别不好懂……相比之下，难道不是长方形更容易理解吗？"

小沃摇了摇手指，"那你的老师就没有我在行了，要知道，三角形是最基础的一种图元形状。其他的图元形状，包括四边形、梯形、圆形，都可以由多个三角形拼接而成。"

图小灵愣了一下，马上蹲下来对着刚才画在地面上的图形比画起来。果然，无论是四边形还是那个不太圆的圆形，都可以很轻松地用很多个三角形表示出来。

"每个三角形都只有三个点组成，并且它们的几何性质几乎都是一致的。也就是说，用同一套数学公式就可以计算所有类型的三角形的面积、角度、边长等数值了。一套计算公式就能打遍天下，这对于计算机来说，是再好不过的一种形态了。"

"话是这样说，可是圆形不能用三角形来表达吧？"图小灵着急地表达自己的想法，"我刚才画的圆形不够圆，只是连接了十几个点的结果。真正的圆——"

"真正的圆，对于图形显示来说，并没有很大的意义。"X博士再次发话，"即使是通过十几个点连接而成的近似圆的形状，你不仔细看也看不出来太大的瑕疵，不是吗？要知道，使用最合适的解法，而不一定是最准确的解法——这是实时图形渲染的核心思想之一。"

居然是这样的吗？图小灵在学校学习的时候，从来都秉承打破砂锅问到底的精神，一定要找到最正确的答案不可。但是在看似高深的计算机图形学里，对于基础的圆形却直接采用了"近似"的手法来表现，这在图小灵看来，可真算得上是一种"离经叛道"的行为了。

小沃看出了图小灵的挣扎，他及时安慰道："X博士的话也许你一时接受不了，没关系，找到重塑你身体的方法才是最要紧的。你只要知道把所有的顶点连接到一起，每三个顶点构成一个三角面，最终就能重建出你目前的形体——这个形体也有一个专门的名称——几何模型。"

"嗯，这个词我听说过。"图小灵点点头，"我参加过学校的航模社团，自己组装仿真飞机和军舰模型的那种。你说的模型，指的也是同样的意思吧，只不过这一次要仿真的是我自己罢了。"

"你理解得很棒。"小沃竖起了大拇指，"那我们也不再耽误时间了，马上开始图元装配的工作！"

GPU们闻风而动，一起涌到了保存图小灵的身体模型坐标顶点的小房子前面。它们配合默契，有的操作机器，有的在屏幕前指指点点，有的则拿出纸笔写写画画。很快，透明房屋中的点之间开始出现连接线，每当三个顶点被两两连接到一起的时候，就会有一个光滑的三角形自动铺展开来。随着三角形不断增加，从刚才一堆杂乱无章的点中，逐渐浮现出一个宛若冰雕的模型。虽然看起来还是面无血色的状态，但是这个模型的眼睛、嘴巴、鼻子以至手指、手腕、衣服的褶皱、裤子的条纹，都慢慢凸显出来，竟然也显得栩栩如生。

GPU 们前前后后忙个不停，整个山谷里逐渐充满了喧嚣的声音和快活的气氛。不知怎的，耳边那挥之不去的轰鸣声也变得更大了。图小灵被这个神奇的光景震慑了，惊讶得张大了嘴巴。虽然眼前的这个模型和真正的自己还是相去甚远，但是这么短的时间里能够有这样一番成绩，也足以让他对回家这件事充满信心了。

用心描绘自己

图小灵绕着自己的模型，左看看，右看看，实在是按捺不住心中的好奇。小沃和 X 博士则静静地在一旁等待。GPU 们也没有闲着，它们七手八脚地搬来了一面镜子一样的机器，把它和透明的小房子接在一起，又拆下来，再吵吵嚷嚷地装回去，调整了半天，镜子逐渐亮了起来。小灵望了过去，只见镜子从一片漆黑，慢慢浮现出一个人影，又逐渐变得清晰——这里呈现的正是刚制作好的那个冰雕一样的模型。

不用多说，图小灵也明白，这面镜子里所见的应该就是他的模型最终呈现在屏幕里的效果了。毕竟进入"虚实之隙"的机会应该只有一次，谁也不敢轻易冒险。

图小灵看着看着，不由得皱起了眉头。他转身问小沃："话说，我的样子为什么看起来白白的，像一个雪人。如果就这样传输去现实世界的话，真的没问题吗？"

"当然不会就这样啊，"小沃撇了撇嘴巴，"下一步要做纹理贴图了。"

"纹理？贴图？"图小灵瞪圆了眼睛。这几个字他之前在课本上都学过，但是放在一起，就不知道是什么意思了。

小沃也皱起了眉头："这个要解释起来还挺麻烦的，简单来说，就是给你的模型上色。皮肤要用淡黄色，瞳孔是黑色，衣服的话，我记得是黑色和蓝色的条纹，还有一个卡通图案。这些都需要画上去，这个模型才长得更像你嘛，对不对？"

图小灵点点头："就然这样的话，就说是上色就好了啊，刚才你说的纹理贴图又是什么意思呢？"

"纹理，嗯，其实就是皮肤的纹路，还有衣服的纹路这些。你仔细想想，你的皮肤再光滑，也会有毛孔啊掌纹啊这些特征，你的衣服再柔顺，也是用针线编织出来的，也会有横竖的针脚之类的。"

"那我也明白了，"图小灵恍然大悟，"贴图的话，就是指我衣服上的卡通图案这种吧。"

"是这个意思，不过计算机里实际上不会处理得这么麻烦——使用'近似'的原则得到最合适的解法——还记得这句话吧？我们实际上会用一张图或者几张图把所有的纹路和图案信息记录下来，然后再贴到你身上。看起来像就好了，没必要一笔一画地去还原实际的情况，毕竟实时渲染的核心在于速度嘛。"

图小灵歪着脑袋想了想，确实如此。小沃之前也说过，实时渲染需要在一秒内生成几十张图片，才能让人有观看连续动画的效果。如果每一张图片生成的过程中都过分重视各种实现细节的话，那时间肯定就不够用了。

图小灵想起了刚才被涂得满身是黑点的情景，不由得心生抗拒，赶忙发问："这样的话，纹理贴图也是要在我的身上和脸上直接画出来吗？"

小沃露出了神秘的笑容，他从身上再次摸出了一个纸卷，然后不慌不忙地慢慢展开，铺平。图小灵望过去，那似乎只是一张厚厚的、正方形的巨大白色宣纸，上面空无一物，除此之外也没有看出什么端倪。

图小灵正在疑惑的时候，小沃却捏起这张纸的两角，将它提了起来，然后以迅雷不及掩耳之势，直接把纸糊到了图小灵的身上。图小灵还来不及挣扎，那张有魔力的纸就从身后将他缠得严严实实。图小灵慌乱之间动弹不得，只觉得那张纸正主动贴紧自己的每一寸皮肤，似乎要融入他的身体一般。

救命！图小灵想要喊出这句话，但是他已然张不开嘴。此刻的小灵感到深深的恐惧，看来这里根本不是什么显卡的世界，小沃和 X 博士也不是什么好人，他们分明都是吃人的怪物，准备把自己包成饺子下锅呢！《西游记》的故事里，唐僧每次遇险都有孙悟空等徒弟拼死相救，我在这里又能够依靠谁呢？想着想着，他的眼泪几乎都要落下来了。

而此时，那张原本裹得紧紧的宣纸却忽然松开了，像是完成了什么任务一样，缓缓地落到地面，平展开来，一动不动。图小灵带着一丝惊恐望过去，小沃和 X 博士似乎都像无事发生一样，蹲下去仔细地端详着纸上的什么东西。GPU 们也围拢过来，指指点点的，就是没有一个人来关心一下宛如劫后余生的图小灵。

"你们，是觉得我不好吃吗？"图小灵带着颤抖的声音问道。

"啥？"众人一起转过头，莫名其妙地看着他。

"刚才那张纸，是想把我包成饺子还是春卷？"图小灵有些悲愤，"为什么突然又松开了，是因为我不好吃吗？还是说你们打算换一种别的烹饪方法呢？"

大伙儿愣了一阵子，突然哄堂大笑起来。不只是小沃和 GPU 们，就连看起来老成稳重的 X 博士也捧着肚子，笑个不停。图小灵在一阵阵的笑声中羞红了脸，不知道问题出在哪里。

"你看看这张纸，再说话，哈哈哈——"小沃拼命忍着笑说道。

图小灵凑过去，惊讶地发现，刚才还空无一物的宣纸上，此时凭空出现了很多互相连接的图案。可以隐约看出来，这些图案主要是一些黑色的坐标点，以及这些坐标点连接而成的无数三角形。这些黑点应该就是之前画在小沃身上，又被 GPU 们吃掉的顶点吧，而三角形显然就是装配好的图元呗？它们是怎么出现在这张宣纸上的？它们在纸上排列的方式又有什么规律可循吗？

"你认真看这个地方，这里像不像你的脸。"小沃一手捂着嘴巴，用另一只手指点给小灵。

图小灵循着方向望过去，果然纸上的顶点和三角形拼出了一副人脸的形状，眼睛、鼻子、嘴巴、耳朵都隐约可见。"可是这张脸，也太宽了，一点都不像我啊。"图小灵端详了半天，禁不住问道。

"当然是不像，因为这是 UV 展开后的结果。"X 博士发话道。

"UV？"

"嗯，你先不用考虑英文字母的意思。"小沃接着说道，"你继续看看这张纸上的脸，它确实不像你，但是它确实是你的脸——准确来说，是你的脸被剥开然后铺平的样子。"

"呀——"图小灵大叫了一声，"说了半天，果然你们还是妖怪！"

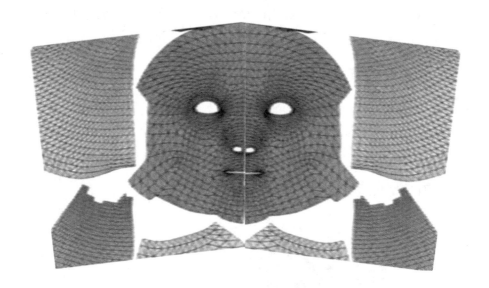

"妖怪？什么妖怪？"小沃奇怪地问道，"你该不会还认为我们要拿你做饺子馅儿吧？"

"才不是……"图小灵的小脸通红，"可是你刚才说要剥开我的皮，你要干什么？难道不是只有妖怪才会这么做吗？"

"嗯……"小沃这次没有捧腹大笑，他思索了一阵才回答，"我还以为剥皮再铺平是一种比较通俗的说法，其实就像 X 博士所说的，这一步的正确解释，应该就是 UV 展开。"

"所以，到底什么是 UV 展开呢？"

小沃没有立即回应，他随手在自己的身上摸来摸去，不一会儿就找出了一个硬纸盒子。看来他的身上有一个百宝囊也说不定，图小灵心想。

只见小沃三下两下就把盒子拆开，铺平之后，用另一张较小的宣纸盖了上去。那宣纸只是在铺平的盒子表面紧贴了一会儿，就落下来了。小沃拿起宣纸直接在上面写写画画，不一会儿就涂了个五颜六色的花样出来，还盖了一个可爱的头像印章。图小灵还在疑惑这番操作的意义时，小沃却三下两下地把盒子装了回去，又轻描淡写地吹了口气，那张画满了图案的宣纸也顺势溶解到了盒子表面，然后随意地递到了小灵手里。

图小灵接过盒子一看，不由得吓了一跳。原来小沃刚才在宣纸上涂抹的花纹和头像，此刻已经原原本本地印在了硬盒子表面。原本平平无奇的纸盒，因为新添的纹路和图案，顿时增色不少，变得好像一个工艺品一样。而且无论远近，看起来都是毫无瑕疵，和之前图小灵光秃秃的脸相比，真是一个天上一个地下。

"这是什么原理啊？"图小灵有些激动地问道。

"只问原理的话，这叫作纹理映射。"小沃回答，"简单来说，就是先在一张纸上作画，然后根据三维空间各个顶点和三角形在纸上的投影位置，把画映射到三维模型上去。"

图小灵思考良久，这才恍然大悟道："所以你刚才是为了把我身上的三角形贴到纸上去？然后只要在这张纸上画出我的样子，就可以像你说的那样，把画出来的图案还有皮肤纹路映射到虚拟的模型身上了？"

"就是这个意思，这张纸可以被看作是一个只有长度和宽度两个方向的二维平面，那么长度方向记为 U 轴，宽度方向记为 V 轴，它所对应的坐标系也就因此产生了。你身上的任何一个顶点，在这张纸上都可以用类似（U，V）的方式来表达，比如你的鼻梁骨上的点正好印在纸的正中央，那么我就可以把它写作（0.5，0.5）。"

图小灵无奈地点了点头："所以把我的脸和身体像剥皮一样，贴在这张纸上的过程，就叫作 UV 展开喽？还真是麻烦啊，为什么非得换两个英文字母呢？就直接用之前计算顶点坐标时候的 X 轴、Y 轴、Z 轴这几个名字不好吗？"

小沃摆摆手："那怎么行，这是两个完全不同的坐标系，混用名字的话，使用的人也会混淆的……总之，这样一来，你就可以拥有自己原本的肤色和衣服图案啦。"

"太好了！"图小灵兴奋地拍了拍手，"那我们还等什么？"

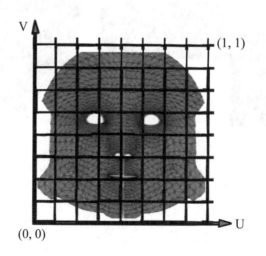

"等你呀。"小沃把笔递给了图小灵，"我不是说过么，这里的所有人都不会画画的。"

图小灵有些哭笑不得，明明刚才画得那么起劲，现在却把责任推得一干二净。不过也好，毕竟是我自己的身体，还是只有我最清楚它是什么样子的。如果交给别人来画，万一在我不注意的地方加一笔或者偷偷画一个小乌龟什么的，那等自己回到现实世界后，不被同学们笑死才怪呢。

图小灵把刚才裹住自己的宣纸重新在地上铺平，蹲下身聚精会神地在纸上画起来。因为有组成自己身上的三角形作为参照物，他画起来还比较得心应手。正面的鼻子、眼睛、嘴巴，还有黑亮茂密的头发都画得有模有样。至于衣服和裤子，图小灵就画得多少简略一些，毕竟衣服上的卡通图案具体是什么样式的，他自己也不可能记得一清二楚。这些地方该从简就从简吧，按照计算机图形学的近似原则，图小灵在心里对自己说。反正回到家里，爸爸妈妈看到衣服上歪七扭八的图案也不会心生不满，顶多会说"衣服的质量不行，洗衣机洗几次就变形了"。但是脸画歪了就需要去医院做个大手术才能解决了。

就这样不知道过了多久，图小灵擦了一把头上的汗水，满意地长叹了一口气。小沃和GPU们把头纷纷凑了过来，啧啧称赞起来。真精致、真漂亮，真是画得栩栩如生呢。

图小灵有些得意地站起身来，从稍远的地方观看自己的杰作。不过从远处看起来，这幅画就没那么美丽了：图小灵的脸和身体都被展开，变成了原来的两倍大小，再涂上颜色和图案之后，显得滑稽又恐怖。图小灵想起了和爸爸一起看的爱国主义电影，解放军战士冲进土匪的老窝的时候，匪首坐着的椅子上摊开的虎皮，差不多也是这样的。

如果不能顺利回家的话，我该不会也像虎皮一样，被小沃和X博士他们坐在屁股底下吧……图小灵想着，有些不寒而栗。不过再想起这群活泼喧闹的 GPU 们，他的心又稍稍地放宽了：这里毕竟是显卡的内部，最充满科技感的地方，哪里可能有那么野蛮的事情发生呢？

"不过，有一件事我算是明白了。"图小灵端详了一会儿，终于开口说道。

"什么事？"

"在一张纸上画画，确实比直接在模型上画画要容易多了。"图小灵说，"我之前以为你说的纹理贴图，也是要直接把图案贴在我的身上。这件事听起来简单，但是真的实施起来，要精确地落笔在凹凸不平和褶皱四起的身体与衣服表面，其实难度比画图要大多了。"

小沃点点头："你越来越聪明了，这是一个很重要的原因。而另一个重要的因素，也是你需要时刻牢记的原则，就是在计算机图形学的世界里，必须用数学的方式来描述问题。"

"嗯，数学的方式……"

小沃滔滔不绝地说道："是啊，我们之所以要定义坐标系，定义 X 轴、Y 轴、Z 轴三个轴向以及拥有（X，Y，Z）三个坐标值的顶点，以及定义图元，并且使用三角形的方式把所有的顶点连接到一起，都是为了用数学的方式去描述一个复杂的模型形状，而不是语文书里描述的：

强壮的，瘦小的，可爱的这种形容词。语文是能够给人留下想象空间的一门学科，而数学不行，数学必须要准确到每个数字。"

"以此类推，你身上的图案，也就是纹理贴图，也要用数学的方式解读。那就需要明确定义出每个三角形的图案应该是什么样的。为了简化这个问题，才有了纹理映射的概念：首先画一张二维的图，然后在图上定义之前每个顶点的位置，也就是（U，V）坐标；最后把这张图映射回三维模型的身上。这里的一切都是可以用数字描述，这样显卡里的我们才能够理解，你到底想要实现怎样的效果。"

天哪，计算机图形学还真是不可思议！图小灵心中暗想着，画一个新的图形，就必须用数学的方式去做绝对准确的描述，但是到了细节层面，却要用各种近似的方法进行简化。这不是自相矛盾吗？

"你感到矛盾，对吧？"许久没有说话的 X 博士似乎看出了图小灵的心思，"然而实时渲染的精髓，不正是在化繁为简的过程中换取速度的提升吗？"

5

光之
山丘

突如其来的黑暗

图小灵精心准备的画被 GPU 们小心翼翼地传递到小房子中，镜子里的模型逐渐有了血色，远远地看起来已经和自己越来越像了。图小灵又惊又喜地贴上去仔细寻找错误，打算在纸上做一些修改，让即将进入屏幕中显示自己的模型变得更加精致。

"不知道为什么，总感觉有哪里不对劲啊。"图小灵嘀咕着。虽然这个模型看着是自己的样子，穿的也是自己来时的服装，但是和现实中的人相比，总是感觉少了什么关键要素似的，让人无法将它和现实生活中光影斑驳的场景联系起来。

对了！光影？

图小灵猛地拍了一下脑袋："我知道原因了！"

只听"砰"的一声，有什么东西好像突然被关闭了。整个山谷都逐渐暗了下来，众人不知所措地东张西望。小沃更是不明就里地大喊"出什么事了，有人在恶作剧吗？"

图小灵有些惊慌，难道是自己拍脑袋的力量太大，把显卡世界给拍坏了？但是人的脑袋和计算机显卡有什么关系呢？这该不会是某种巧合吧。他正在胡思乱想，突然 X 博士洪亮的声音从黑暗中传了出来："什么情况，难道是有人捣乱？"

山谷内一片喧哗，GPU 们盲目地奔跑和互相冲撞，有的喊"抓贼！"有的喊"不是我做的！"还有的在喊"我要出去！"看来这里的人们也不常遇到这种怪异的情景，如果真的有人趁乱弄坏了自己好不容易做成的模型，那可就麻烦了！想到这里，图小灵强作镇定地大声喊："大家都不要乱跑！不然会受伤的！X 博士，小沃，你们知道怎么让这里亮起来吗？先亮起来要紧！"

这句话提醒了 X 博士，他急忙从身上摸出了什么东西，点亮后举到半空中。巨大而空旷的山谷里恢复了一点点光明，也平息了大家的慌张情绪。小沃和 GPU 们逐渐安稳下来，互相瞅了瞅，又四下看了看，似乎没有谁受伤，也没有什么东西丢失。

"虚惊一场啊，是不是 X 博士你又搞错什么系统设置了？"小沃用略带嘲讽的口气问道。

"胡说！我明明感觉到刚才有不属于这里的气息存在，肯定是有外人混进来了。"X 博士发怒道。

"这个地方能有什么外人啊，"小沃反问，"难道又有一个叫'图小灵 2'的小孩子钻进来了？那我们也别叫显卡世界了，直接合并到人类社会吧。"

"哼，信不信由你。"博士没好气地说，"还是检查一下，有没有设备损坏吧，真有麻烦就不好了……"

他的话音未落，人已经呆立在原地，用手指着不远处的镜子，一句话也说不上来。

图小灵和小沃连忙循着 X 博士手指的方向看去，只见镜子里已经是一片漆黑，刚才好不容易制作的，还不太完美的模型已经荡然无存。

"天啊，这是停电了吗？"图小灵觉得脑子里嗡嗡乱叫，不知道该说些什么好。

"显卡里停什么电啊！一定有贼啊，快去抓贼要紧！"小沃则毫无章法地叫嚷起来。

GPU 们倒是没有太慌张，它们围到了保存图小灵身体数据的房间和机器前面，一通操作后，朝着图小灵比画了一个"OK"的手势。1024 号率先跑了过来，安慰他："没事，原始数据还在的，顶点、三角形图元，还有纹理贴图都没丢。"

"哈——"图小灵长舒了一口气，"没丢就好。"

"才不好呢！"小沃反驳道，"既然数据都没丢，为什么镜子里的画面漆黑一片呢？"

"镜子里是黑的，传输到屏幕上也是黑的吗？"图小灵关切地问。

"那当然了，否则用镜子做参考，还有什么意义？"小沃白了他一眼回答。

"那会不会是镜子坏了？"

"怎么可能？"小沃迟疑地一边说，一边走过去仔细检查。片刻之后，他也比了一个"OK"的手势，表示镜子根本就毫发无损。

"这就奇怪了，那为什么看不到图像了呢？"图小灵挠着头，转头求助似的望着 X 博士。

X 博士慢慢踱着步走了过来，这边瞅瞅，那边看看，又低头摆弄着胡子做沉思状。许久，他才抬起头来，语重心长地说："这就是程序员经常遇到的所谓程序问题，也就是俗称的 BUG（虫子）。每个人在生命中都会遇到很多问题，很多困难。只有解决这些 BUG，冲破枷锁，才能让自己的生命升华，年轻人，你懂了吗？"

图小灵正要赞同，小沃却毫不犹豫地大声抢白："拉倒吧，其实你也不知道原因对不对，在这里故作什么深沉呢？"

"你……"X 博士看来是被说破了心事，不由得面红耳赤，张口就要和小沃理论。

"你们先不要吵架了。"图小灵及时制止道，"我们还是一起分析一下可能的原因吧，群策群力才能解决问题，不是吗？"

小沃和博士愣了一下，一起点头称是。GPU 们也纷纷聚集过来，献计献策。

"我看是贴图出错了，是不是全变成了黑色？"3192号GPU提议。

"不会的，我看了原始的宣纸，画作还好好的留在上面。"2048号GPU马上反驳道。

"那就是显示器出了问题，因此影响镜子里的画面？"28号GPU皱着眉头发问。

"你说的这种情况出现的概率太低了，而且镜子并不是直接连接到显示器的，这个内部原理没有人比我更在行。"小沃否定了这种可能性。

"我觉得先检查一下图元信息吧，没准目前的连接方式根本就无法构成三角形呢？"X博士慢悠悠地说。

"可是之前是正常的啊？"1024号GPU有些不高兴地抗议，"我们是不会犯这么低级的错误的。"

图小灵听着大家七嘴八舌的讨论，心里却怎么也静不下来。就在这起"停电"风波之前，自己发现了什么问题来着？他冥思苦想，想要重新回忆起刚才那个关键的问题，可怎么都想不起来了。

"哎，我真是一个猪脑袋！"图小灵气得使劲跺脚，又狠狠地往自己的头上拍了一下。

"啪"的一声，灵光迸发。图小灵激动地大声喊了出来，"我想起了，是光！光影有问题。"

"啊？"小沃和X博士一起瞧向图小灵的方向，随即他们两人也狠狠地一拍脑袋，大叫道，"原来如此，没有光了，渲染的时候没有光了！"

图小灵一愣。他想的其实并不是为什么镜子里一片漆黑这个问题，而是在发生这件事之前的，有关"自己的模型在镜子里看起来不够真实"的问题。然而他的话却给了小沃和X博士灵感，这么看来，果然是有人从刚才的混乱中偷走了东西——正是光照啊。

　　X 博士的脸色有些发白，他似乎也不常遇到这种情况："的确，没有我这盏照明灯的话，现在整个山谷都是黑夜才对，更何况这面镜子呢。"

　　"这可真是一个低级的 BUG 呢，"小沃自嘲地感叹了一句，"问题是，光呢？"

　　众人这才如梦方醒，抬头看向山脉的方向。只见刚才还闪亮得有些耀眼的笔直悬崖，此时已经暗淡下来，只是在闪电的映射下，偶尔呈现出一些若有若无的亮点。头顶的轰鸣声不知不觉也弱了很多，似乎整个世界正在睡去，只有"造型之谷"的众人们还完全蒙在鼓里。

　　"这是什么情况啊，'光之山丘'怎么变成这副德性了？我的光照呢？"小沃也着急地喊了出来。

　　"我不是说过有人进来偷窃吗？"X 博士撇着嘴说道，"你的光照要么是被偷走了，要么就是你设置的有问题，主动熄灭了。"

　　"光照怎么可能主动熄灭！血口喷人可不行。"小沃又要发作。

　　图小灵及时制止他们："你们先等一等好吗？你们说的光照，和我所理解的光照——是同一种东西吗？"

　　"嗯，这个问题还挺有意思的。"X 博士不慌不忙地答道，"准确地说，是同一种东西，但也不完全是同一种东西。"

"这，这话怎么讲？"图小灵有些愕然。

"X博士就喜欢故弄玄虚。"小沃不满地咕哝着，"还是我来解释吧，首先，它们的作用肯定是类似的。现实中有太阳光、月光、灯光等光源，它们的作用是照亮你眼中的世界，让你看得清楚，或者专门去照亮特定的区域和物体，比如博物馆的展品。虚拟世界中也是如此，我们也需要光照来照亮物体，或者物体的某一部分。从这个角度来说，这两个'光照'指的肯定是同一种东西。"

"嗯，这我听懂了。"图小灵点头表示明白。

"不过，你还记得我们反复说过的，计算机图形学里的重要原则吗？能近似表达的东西，就不需要精确的求解。"小沃补充道，"光照就是最好的例子。现实中的光照是需要用非常复杂的数学公式去表达的，要实现这些数学公式，就需要消耗大量的时间和计算机资源——而这恰恰是实时渲染所不能容忍的。所以，我们在显卡里通常要采用更为简化的光照公式，并且结合其他一些手段来模拟光的照射以及物体被照亮的结果。"

"这说来可就话长了。边走边聊吧，我们现在要前往'光之山丘'去一探究竟了。"X博士插话道。他看着图小灵有些失望又有些无奈的样子，意味深长地叹了口气。

在黑暗中探险，这么多人的队伍怕是不行。小沃麻利地安排起来，除了少数密切相关的 GPU 可以跟随，还随身携带用来观察图小灵模型的镜子，其余大部分人都留在"造型之谷"和"渲染工厂"，避免再有人来破坏图小灵身体的数据。而图小灵则跟着 X 博士、小沃等人，踏上了进一步寻求光明的道路。

光明从何而来

"光之山丘"，也就是之前图小灵看到的那一座座巨大而笔直的银白色山峦。在莫名其妙的黑暗来临之前，这片山脉一直是明亮而清晰的存在，只有山顶被乌云笼罩，并且持续地传来巨大的轰鸣声。图小灵好奇轰鸣声的由来，但是小沃和 X 博士都解释得语焉不详。他们只是说，那里被叫作"风暴之眼"，是谁都没有去过的地方，贸然去探险的话，可能会粉身碎骨也说不定。图小灵听闻后也只老老实实地跟着博士等人行动。

"虚实之隙、造型之谷、光之山丘、风暴之眼……"图小灵默念着，这些听起来神神秘秘的地名，都是谁发明的呢？而这个世界存在于计算机的内部，想必是没有太阳的，那这里的住户们又是如何得到光明的呢？此刻他们失去了光，为什么头顶的风暴也随之停息了呢？哎，这么多让人啧啧称奇的事情，想要发问，却不知道该如何开口。

图小灵正胡思乱想着，走得挺慢的 X 博士悠然地发问："话说，你知道光为什么能够照亮世界吗？"

"这还用问……"有点不耐烦的图小灵正想说出一个显而易见的答案，然而他却语塞了。光为什么能照亮大地？这听起来就像是问了一句废话一样，但是他搜刮肚肠之后，却发现自己并没有读过任何一本书，里面真的去分析光照中的科学原理。

X 博士继续说道："光到底是一种什么物质，这在现今的科学界都是有争议的。我们也没有资格去定义它。不过无论如何，有一件事是确定的，那就是——你会感受到光照，多数情况下并不是因为你看到了光，而是因为你看到了被照亮的物体。"

"嗯……"图小灵努力思考着。

"你为什么看到了被照亮的物体呢？因为自然界存在着反射。物体反射了它身上的光，然后进入你的眼睛里，所以你才能够看得到。"

"原来是这样，我之前从未注意过这件事。"图小灵连连点头。

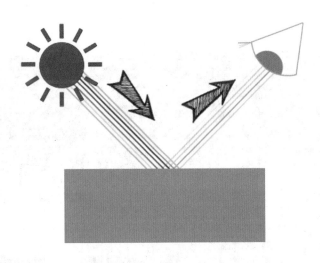

"不同的物体，反射光的能力也不同。比如炎炎烈日下停放的汽车的金属外壳，那反光甚至会让你头晕目眩；而参天的大树则总是一副完全不会反光的样子，虽然它在阳光下也能够被看得更清楚，但是你永远不用担心被树皮的光亮伤到眼睛。"

"对，还有镜子，我们都玩过用镜子反射阳光去晃别人的恶作剧。"图小灵补充道。

"所以，反射和折射是一种再常见不过的自然现象，而你能够随时感受到光照，也是因为它们的功劳……"X博士顿了一下继续说道，"即使你待在很深的地下室里，只要有一盏灯亮着，灯光就会让你看清楚身边的环境。这个时候，你看到的东西很可能是光线被反射了很多次的结果。光照到地面上，再反射到墙上，再反射到墙角的衣柜和自行车上，最后反射到你的眼中。这个过程中，并不是所有的光线都会被反射，而是在途中不断丢失或者被吸收……所以最终的结果是，你看到灯光下的地板和包装箱分外明亮，墙壁次之，而两侧的衣柜和堆积了灰尘的老旧自行车则显得最为昏暗。"

"天哪，没想到光照是这么神奇的过程。"图小灵禁不住感叹道。原来这些神奇的事物就在身边，但是之前我却从未关注过，只是把它们视为理所当然的存在。

X博士带着满足的笑容，接着说道："至于那些研究计算机图形学的人，他们往往还有一个习惯，就是反其道而行之，既然自然界的光照效果有这么复杂的反射与折射的过程，那么要在虚拟世界中模拟它，不如反过来思考：如果从你眼睛中的一个点开始，虚构一条'光线'沿着视线发射出去，它经过几次反射和折射之后，能够正好进入光源当中吗？"

"光源，指的就是太阳光或者灯光这种。"小沃不失时机地解释，不过此举还是被X博士狠狠地瞪了一眼，他可不喜欢别人随便打断自己的发言。

图小灵认真地思考着，没有说话。

"如果这条虚构的'光线'确实可以进入光源，那么就可以证明，从光源发射的实际光线也可以顺着同一条路径进入人眼。进而我们就可以计算经过了多次反射的光照亮度。如果不能进入光源，那么就可以当作眼睛中的这个点接受不到光照，那么看到的内容显而易见就是黑色的。这么讲，你能听明白吗？"

"明白倒是明白了，"图小灵点头道，"可是为什么一定要反过来思考呢？直接从光源发射很多条光线，然后看看最终都有哪些能进入我的眼睛，这样做不是一个道理吗？"

"说的好，"X博士赞许道，"那么你能否告诉我，当太阳普照大地的时候，究竟要发射多少条光线，才能代表全部的阳光光照呢？"

"呃，数不胜数啊……"图小灵不好意思地咧了咧嘴。

"从光源开始模拟光线的发射会带来无法估计的计算量，这对于如今能力有限的计算机来说是不可取的。"X博士语重心长地说，"但是从眼睛发射的'光线'就不同了，你知道眼睛中的一个点，对应屏幕上的什么东西吗？"

"像素吗？"

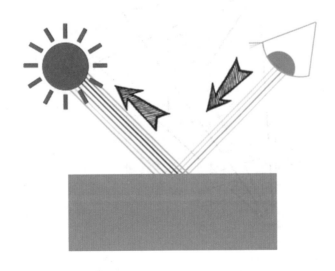

"是的，虚拟世界中的人眼，不就是你每天盯着看的电脑屏幕或者VR眼镜的屏幕吗？屏幕再大，也是由有限个像素点组成的。对每个像素点都计算一次逆向的光线反射过程，这不就可以得到当前你看到的场景的光照结果了吗。关键是，这个结果的计算量是有限的，它不会超过屏幕的像素总数量。"

"话虽如此——"图小灵感慨道。如果是 2560×1440 个像素点，总数大概得有几百万了，那依然是巨大的数量啊。然后对每个点都要做一次光照的计算，感觉显卡里这些 GPU 们就算是累死也做不完呢。

"哈哈哈，你一定觉得工作量不小，对不对？"X 博士再次看穿了图小灵的心思，"不过和之前相比，这已经是巨大的进步了。所以这种方法通常被用在离线渲染的场合，用来实现非常接近真实的光照效果。"

"离线渲染，我记得这是拍电影和动画常用的技术手段？"图小灵回忆道。

X 博士满意地"嗯"了一声，接着说："这个方法，被称为光线跟踪法——这可是计算机图形学最古老也最核心的算法之一。"

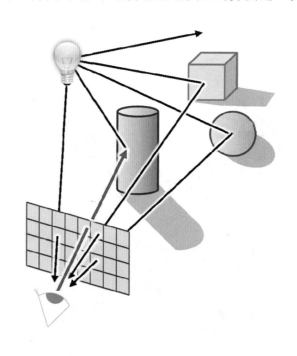

"我大概知道了。"图小灵觉得这一番讨论真是让自己感觉头昏脑涨，"不过，我还是有一个小问题，怎么才能知道，从眼睛里发射的虚构光线进入了光源呢？比如太阳，它离我们那么远，发射的光又那么强……"

"这个问题，就没有人比我更在行啦。"小沃终于逮到了说话的机会，马上抢过了 X 博士的话头，"大体上，我们会定义几种常见的光源类型。太阳光就是一种特殊的光源，因为它实在太庞大也太重要了，不能和人造的灯光看作是同一类光源，所以我们通常将它看作是一个无限大也无限远的光照物，称为平行光源。"

"平行光源？"

"是啊，可能你还没有学过平行线的概念，不过这也不要紧。"小沃接着说道，"简单来说，就是假设太阳光非常庞大，只要你从眼中发射的'光线'直接或者经过反射后与太阳光的方向基本平齐，并且没有遮挡的话，就认为你接收到太阳光照啦。"

"哦，那样的话，岂不是很容易就被太阳光照射到了？"

"是啊，日常生活中不也正是如此吗？除了地底、山洞和海底，你在户外还有接触不到阳光的地方吗？"

"果然有道理，"图小灵赞叹道，"那么，月光也是一种平行光吗？"

"是的，"小沃点头，"虽然月亮其实是反射了太阳光才发亮的，但是计算机图形学里往往不会考虑得那么复杂，而是把月光也看作是无限远而无限大的一种平行光源，只不过亮度要低很多就是了。"

"嗯，因为亮度低，所以映入我眼中的光照效果也就变弱了。这也是符合实际情况的。"图小灵推理道。

"你真是越来越聪明啦！"小沃竖起大拇指，"当然，在现实世界走夜路的时候，除了月光，更常见的其实是路灯洒下来的灯光，或者手电筒发射的灯光，你有观察过它们是什么样的吗？"

"让我想一想啊，"图小灵歪着脑袋，"手电筒照在墙上，会出现一个发亮的圆圈，所以它应该是圆筒形的？不对，是圆锥形的。"

"哈哈，说的很准确，所以它是一种锥形光源。"小沃兴奋得手舞足蹈，"因为一部分光被灯罩或者手电筒本身挡住了，所以只能朝着某个方向发射出来，远远看起来像是一个发亮的圆形光锥。这样的光源也很容易参与到光线跟踪的计算中：只要从眼中发射的'光线'最终能够大差不差地落到光锥的锥点上，就可以认为这部分视野被照亮了。"

"那么，还有别的光源类型吗？比如，去掉灯罩的灯也算一种光源吗？"图小灵试着举一反三。

小沃嘿嘿一笑说道："那就是计算机图形学里最常见的一种光源类型——点光源。它能够向四面八方发射光线，不过很快就会衰减，不能照亮太远的地方。在通过光线跟踪法计算光照时，也要考虑这种光自然衰减的情况。当然，太阳光不在此列。"

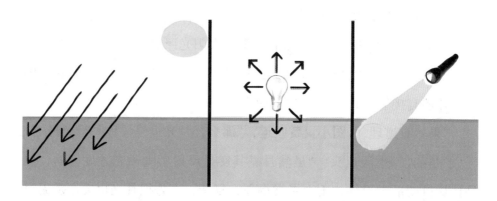

"哇，越来越复杂了。"图小灵感叹道，"不会还有别的类型的光源吧。"

"有是有，"小沃琢磨了一下，"比如照相馆里用的补光灯，有些是正方形的，有些是环形的，又或者一些奇怪形状的能够发亮的玩具，这些面光源或者异形体光源就不太好分类了。如果一定要加入虚拟场景中，那就需要人类程序员自己实现具体的计算方法了。当然了，也要考虑到实时渲染本身的计算压力。"

"不过，光线跟踪法本身就没办法用于实时渲染吧？"图小灵问，"毕竟要计算那么多个像素点的光照结果，每秒还要生成那么多图片……"

"嘿嘿，其实也不是完全不可以，不过，按照之前的原则，我们还是优先考虑一些'近似'的方案为好。"小沃狡黠地笑了笑。

近似的光照法

从"造型之谷"到"光之山丘"的路并不长，图小灵很庆幸自己不需要爬到看起来笔直高不可攀的山顶。他们此时正身处在两座山峰中间的山谷，X博士的照明灯一直闪闪发亮，将两侧的墙壁都映射出幽幽的光晕。谷底的道路分外狭窄，小灵伸开双臂就能触摸到冰冷的山石。这感觉就好像是在外星球探险一样，他的心中一阵欢喜；但是这里也让人感觉，有生之年怕是很难再回到人间了，他的心中一阵悲凉。

几个GPU正叽里咕噜地和小沃商量着什么，他们前方的道路被堵住了。看起来是一个巨大的黑色毛团。所以这是常见的道路塌方？可是这和失去光照又有什么关系？图小灵有些不知所措。

"身体模型是近似的，光照也得是近似的……计算机图形学里这种需要'近似'的做法还真是到处都是。"为了避免难受的感觉涌上心头，图小灵主动提起了刚才的话题。

小沃身先士卒地带队展开了工作，X博士则饶有兴趣地和图小灵继续刚才的讨论："对于实时图形的渲染，我们需要想方设法去快速逼近最终的结果，而不是经过大量计算得到一个准确的值。而这件事往往是离线渲染不需要考虑的。"

X博士顿了一下，补充道，"这不是什么丢脸的事情，正相反，这样可以用最低的代价实现足够理想的画面效果，然后把资源和时间交给更重要的事情。"

"更重要的事情是指？"图小灵好奇地问。

"那得看你想要做什么了。"X博士平静地回答，"比如电脑游戏，除了渲染之外，还要考虑关卡的设计、敌人角色的智能，以及如何能与玩家互动。又比如对宇宙飞船进行飞行监控，就需要把更多的精力放在数据通信、外部传感器的读取和控制方面；还有看各种视频直播的时候，虽然视频的画面是用户唯一关注的内容，但是如何确保视频传输的流畅度，如何汇总和管理评论的弹幕信息，如何自动识别画面的关键内容，这些才是直播内容是否有趣的关键所在。图形，永远都是次要的。"

"听起来好矛盾啊，感觉像是不受重视一样。"图小灵吐了吐舌头。

X博士的表情依然严肃："事实如此。如果你仔细思考就会发现，人类社会中的大部分工作都需要有一个图形化的呈现结果，否则很难直观地描述工作的成果。但是图形本身并不是最重要的，工作的过程和成果才是核心——所以要尽快把图绘制完毕，然后让计算机重点处理核心的事务——这就是我们做事的原则。"

图小灵还在尝试思考和理解X博士刚才的话，小沃却放下手边的工作插嘴道："还是别讨论这么深奥的话题了，小灵啊，你不想了解一下，我们是怎么来近似计算光照的吗？"

"嗯，我确实很感兴趣。"图小灵点头道。

"我来简单说明吧，毕竟这些东西是我特别在行的，也乐意和别人分享。"小沃显得兴致勃勃，并没有理会 X 博士投来的尖锐目光，"我们先假设被照亮的物体就是特别普通的木头桌子、棉被、厚毛衣还有地毯这类东西，你觉得这些东西有什么共同点吗？"

"木头桌子和毛衣，这两件东西能被归到同一类当中吗？"图小灵瞪大了眼睛，一副不可思议的神情。

"你不要想它们的功能差别，要从被光照射的结果去考虑。"小沃提示道。

"这个嘛，"图小灵左思右想，"我觉得它们被光照射的时候不会有什么特别的地方啊，也不会透光，也不会反光……"

"这不就是它们的共同点了！"小沃笑道，"就像你说的，它们不透光也不反光，但是你依然能看到木头桌子或毛衣的表面纹理，以及桌子正面和侧面的明暗对比——换句话说，如果是被光照射的时候，这些物体的表面是清晰可见的，但是不会强烈反光；而在背离光照方向的地方，这些物体会呈现更暗的颜色。"

"这么说来，确实如此。"图小灵回应，"相比之下，平静的湖面和金属的汽车外壳会强烈反光，而玻璃既反光又透光，还真是大相径庭。"

"如果你有机会用放大镜看一看的话，会有更深刻的体会。"小沃接着说道，"桌子、棉被、毛衣、地毯，它们的表面一定是粗糙不平的，一束光射过来，会因为这些坑坑洼洼的表面而四处乱射，不能形成很强的反射光——而从我们的角度来看，整个物体表面的光是均匀地发射出去的，也就导致物体被均匀地照亮，这种现象叫作漫反射。"

"慢反射……那么还有快反射吗？"

小沃摆了摆手："不是快慢的慢，是漫山遍野的漫。我们先不研究金属和玻璃的情况，如果只考虑漫反射的话，那么所谓的光照，其实就是物体表面被均匀照射，还是没有被照射这两种结果。当然就算没有被照射的表面，我们也可以认为它依然能勉强被看清楚，所以给它设置一个固定的较小的亮度值，这被称作环境光。最后列出数学公式的话，就是漫反射的结果加上环境光，这就是'近似'的光照结果了。"

"这么简单？"图小灵有些怀疑地看着小沃，"这样不会得到很奇怪的结果吗？"

"事实上，我们对物体表面的每个三角形都使用了同样的计算公式之后，得到的效果还不错，至少物体的明暗面是很清楚的，立体感也比不带光照的原始模型要强很多。"小沃说着，随手操作了几下，镜子里图小灵的模型就有了简单的光照效果。

"还真是如此……"图小灵一边端详着模型，一边喃喃自语，"虽然简单，但是这比之前不带任何光影效果的要好看多了。"

"我们之前用顶点、三角形和纹理贴图构建了一个'虚拟'的你，这是一个几何模型。"小沃解释道，"而这个模型可以表达为一个简单的数学公式，被称作 Phong 光照模型。Phong 这个名字来自它的发明者。"

"嗯，不过，它处理不了那些反光面吧。很多东西都是会反光的，比如塑料、陶瓷、金属，还有水面等。"

小沃点点头："是啊，所以后来有人基于 Phong 光照模型，做了一些改进。改进的方案不只是漫反射和环境光两个值的相加的和，而是三个值相加的和。"

"那么第三个值是？"图小灵忙不迭地追问道。

"这第三个值，叫作镜面反射。它的含义稍微复杂一些，在讲解它之前，我需要你帮我做一件事情。"小沃微笑着卖了个关子。

"什么事？"图小灵问。

小沃变魔术似的从背后掏出了一张白色的硬纸片，把它折成了一个三角形的形状递给图小灵。"这个三角形，你尝试用右手握住它。轻轻地握住即可，不要捏，也不要使劲；但是一定要确保这张纸的正面是朝上的，不能竖过来或者倒过来。"

"正面？一张白纸片哪儿来的正面？"

小沃愣了一下，假装恼怒道："这个——你觉得好看的那一面就是正面，快握住！"

图小灵不知道其中有什么奥秘，大气都不敢喘，只能轻轻地用手指摆出一个握住的形状，掌心微微收缩，把三角形小心翼翼地包住。小沃觉得好笑，用手轻轻地掩住了嘴巴，继续提示道，"现在你做一个竖起大拇指的动作，没错，就是称赞别人的时候竖起大拇指的动作。"

"这样能有什么用啊？"图小灵嘟囔着，不情愿地伸直了拇指。

小沃神秘地笑了笑："你发现了吗？你的拇指，现在是垂直于这个三角形纸片的。"

图小灵低头观察了一下，的确如此，但是，那又能说明什么呢？他再次抬起头，一脸迷茫地看着小沃。

"别捉弄我了，"图小灵终于忍不住恳求道，"你该不会和 X 博士一样，也是个喜欢藏着话不说的人吧？"

"你——你这是污蔑，赤裸裸的污蔑！"X 博士正在一旁听着，当即恼怒道，"这有什么可藏着掖着的？你的拇指，此时对应了这个三角面的法线而已！"

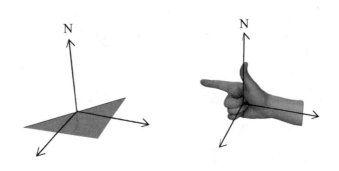

"法线？"图小灵又听到了一个新的名词。

"嗯，就是法线——这是一个有点抽象，但是对计算光照来说很重要的概念。"小沃赞同道。

"有什么可抽象的，就是有的人太年轻，讲不清楚而已。"X 博士余怒未消，"小家伙，你打过乒乓球吧？对手用球拍抽球，它会在桌子上狠狠地弹一下，然后像炮弹一样直接砸向你的面门。对不对？"

乒乓球也没有这么暴力吧，图小灵心想。不过他还是点了点头。

"有些乒乓球高手，是可以根据反弹，去判断乒乓球的飞行路线。你有想过为什么吗？"

"这不是理所当然的事情吗？"图小灵惊讶道，"我也可以，只要练习一阵就能掌握规律了吧，前提是球不会旋转得太厉害。"

"很多理所当然的事情，用数学的方式表达出来，就是技术的起源。"X 博士又抛出了高深莫测的言论，"乒乓球飞行并撞在桌子上，又朝着反方向弹出去。飞过来的角度小，弹出去的角度就小；飞过来的角度大，弹出去的角度也大。如果是理想的状态下，那么你会发现，球撞向桌子的角度，和从桌子弹起来的角度，是相同的。"

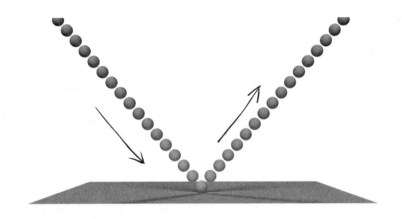

"这么神奇？我从来没有注意过。"图小灵有些诧异，不过在这个显卡世界里，他已经慢慢习惯了这种诧异。

"球撞向桌子，经过了某一条中线，再弹起来。你知道这条中线在哪里吗？"小沃一边说，一边在地上画了一张简单的图。

"就是在撞击位置吧，"图小灵说着，"和桌子应该是正好垂直的。"

他刚试图去添加一笔，脑子里突然闪过了一个念头：刚才自己用右手握住的那个小三角形，如果是桌子平面的一部分的话，那么自己的大拇指立起来的方向，不就正好是这个垂直线吗？难道说，这条线就是——"法线。"三个人同时说道，然后同时笑出声来。

"你如果弄懂了什么是法线，那么你就知道什么是镜面反射了。"小沃接着说，"就像乒乓球会从桌子上弹起，金属面、玻璃面因为足够光滑，它们也会让射过来的光线像球一样再次弹起来，而不是像漫反射那样漫无目的地发散。光线集中在一起弹起来，那样的光芒当然是耀眼的，所以你从某个角度去看金属的车壳，会感觉被光刺得眼睛生疼。然而你并没有直视太阳，你只是正好位于光线弹起来的方向上。"

　　"所以，法线的意义，就是让我知道乒乓球，不，光线会往哪个方向飞去。"图小灵有些激动地说。

　　"这一束可能射到你眼中的强光，就是刚才提到的镜面反射光了。所谓改进的近似光照模型，也就变成：环境光加上漫反射，再加上镜面反射的结果。"

　　"那它的名字还是 Phong 吗？"

　　"差不多，不过又加上了另一个发明者的名字，所以叫作 Blinn-Phong。"小沃微笑着说道。

6

幻之
森林

不能做到更好

　　一番忙碌之后，天空开始重新放亮，远处的轰鸣声也再度响起。X博士长舒了一口气，关掉手中的照明灯，略显疲惫地转头看了看图小灵和映照出他身体模样的镜子。镜子里的图小灵也恢复正常了，依然是小沃和GPU们为他悉心装配的顶点和三角面，以及图小灵亲手绘制的贴紧皮肤的纹理图。淡淡的虚拟光照射在虚拟图小灵的身上，漫反射射出柔和的暖色。没错，图小灵又不是金属制品，身上是不可能有镜面反射的效果的。

　　"真是奇怪，"小沃疑惑地说道，"'光之山丘'的几个触点位置都被人用灰尘塞住了，而且塞得很巧妙，使对应的线路短路，直接导致'风暴之眼'的转动功率降低，而且整体照明系统也不亮了……"

　　"看来是那个家伙在搞破坏，"X博士一脸严肃，"也只有他对这里最熟悉。只是没想到，他居然堕落到这个程度！"

"我觉得哥哥才不会干出这种事情，一定是有其他原因吧？"小沃还想辩解。

"哼，不管什么原因，这都是不可饶恕的破坏行为。"X博士愈发严厉起来。

图小灵着急了："你们先不要吵了，有谁能解释一下吗？哥哥到底是谁，为什么他要搞破坏，这个显卡里难道还有什么大魔王等待勇者去打败的剧情吗？"

X博士和小沃同时沉默。安静了一会儿，X博士才勉强挤出一些笑容说道："那个，算了吧，你看看如果镜子里的效果可以的话，我们还是尽快送你出去为好。"

图小灵一愣，心中不住地盘算起来：对啊，就算这个世界里真的有什么不可调和的矛盾，和我也没有关系啊。我是莫名其妙穿越到这里来的，又不是勇者，为啥要去管别人的闲事呢？我还是尽快离开比较好。

想到这里，图小灵便决定不再追问，而是站到镜子前，细细地端详着自己的模型。

镜子里的自己，有点像现实中的样子，却又不太一样。

也许是全部使用三角面的缘故，自己的脸型感觉有些怪怪的，不像现实中那么光滑和水润，而是布满粗糙的棱角。尤其是眼睛，不仅一点神采没有，甚至还微微往上翻着，像极了电视剧里的坏人。至于耳朵、手指这些原本就十分精细的器官，在镜子中的差距就更大了。如果这样的我走在大街上，一定会被同学们以为是在头的两侧贴了两个大饺子，手里攥着 10 根胡萝卜——图小灵懊恼地心想。

还有头发，天哪！这难道不是几张黑色的脆煎饼被人随手给粘在脑门上了吗？别说去上学了，估计还在家里就被贪吃的爸爸给吃光了，剩下一个光溜溜的冬瓜脑袋，正好替换家里那个快要坏掉的旧衣帽架！

"好假啊！"图小灵没办法强忍住自己的失望，张口说道。

"这个，你之前不是觉得挺好的吗？"小沃有些尴尬地回答。

"那是因为我没有仔细看过啊，虽然乍一看还挺像回事的，但是仔细去分辨的话，眼睛、耳朵、头发、手指，都不像真的。还有身上穿的衣服，感觉和我的皮肤一样，都是同一种材料做的，我又不是布娃娃。"

"你应该还记得，计算机图形学是一门需要'近似'的科学吧，"X博士硬着头皮开口了，"三角面本来就是用来'近似'表达复杂形体的，为的是渲染起来比较方便；Phong 光照模型也是为了'近似'表现光照效果——所以，所以你也需要忍耐一下，用一种'近似'的方式回归现实世界，这不也挺好吗？"

"那怎么可以啊，"图小灵大声反驳，"我理解你说的'近似'的意思，也明白这样的方式比较容易被更多人学会。但是，如果我的样子只是'近似'于一个人的话，那我不就不是人了！我这样回到家里，肯定是被当作小怪兽送去展览，那我还不如就待在这里算了！"

小沃、X博士，还有几个气喘吁吁的GPU们面面相觑，一时间不知道该说什么好。

"所以，是不是还有别的方法把我变得更真实呢？"图小灵抱着最后一丝希望问道，"'造型之谷'可以建立我的身体模型，'光之山丘'可以用光照亮我，那下一个就是'一下子就能变成人之森林'对不对？"他指着山谷不远的出口位置，一片影影绰绰的森林大声说道。"咱们下一步就要去那里了，对吧？"

X博士顺着图小灵手指的方向望了望，又回头看了看小沃，这才坚定地摇了摇头，"不能去，那里太危险了，不要说是你，我们都不会轻

易去探险的。"

"是啊，就连我也从没去过传说中的'幻之森林'。看来，'没有人比我更在行'这句话以后不能乱说了。"小沃叹了口气。

"你们到底是什么意思啊？"图小灵终于开始生气了，"那片森林里面有什么吓人的东西吗？相比之下，难道不是帮我恢复原样，这件事更重要吗？"

"简单来说，不是。"X博士也沉下了脸，"要较真的话，是你主动跑到显卡里的，不是吗？我们只是好意帮忙，但是也得顾及自身的安全。这里有这里的规矩，不是你一个外人说了算的。"

图小灵听了这话，鼻子一酸，眼泪当时就止不住地流了下来。

"讨厌……你们果然都是坏人。那我自己去好了，你们都不要管我，呜——"

说着，图小灵开始拼命向森林的方向跑去。GPU们想要阻拦，但是它们的个头本来就比图小灵要矮上一截，又怎么可能拦得住一个狂奔的男孩子呢？一片人仰马翻之后，大家只能眼睁睁看着图小灵一溜烟哭着跑远了。

"你刚才的话，是不是有些过分了。"小沃回过神来，面带不满地望着X博士，"我们不帮忙的话，他岂不是一辈子都无法离开了。你难道真的忍心看一个男孩儿再也回不了家吗？"

"哼，"X博士还有些嘴硬，"别忘了，我们只是图形接口API而已，能力是有限的。他的要求这么高，专业的程序员才能做到吧。我不把实际情况说出来，难道还陪着他继续瞎胡闹不成？"

"现在才是瞎胡闹！"小沃愤怒地吼，"效果做到做不到都不重要，大家一起想办法才有价值吧！你现在让他一个人乱跑，不出危险才怪！"

X博士生着闷气，不说话了。小沃又转头去问GPU们："有谁去过'幻之森林'吗？那里到底有什么东西，让X博士这么反感。"

GPU 们你看看我，我看看你，七嘴八舌地说道，"没去过啊，听说有吃人的树。"

"也不是吃人，不过会捉弄人，把你吸过去，再吐出来那种。"

"还会放电，刺啦刺啦的，把人给烤熟。"

"据说还有能爆炸的东西，炸了的话，这里会毁灭的。"

小沃听来听去，感觉自己也有点汗流浃背。这个传说中的"幻之森林"究竟是什么鬼地方啊？这么听起来，图小灵在那里岂不是九死一生了？

小沃再次焦急地望向 X 博士，这里似乎只有他是真正去过"幻之森林"的。也正因为如此，只有说服了 X 博士，大家才有可能追上图小灵，把他从这个听起来危险密布的地方救出来。

但 X 博士还是站在原地不动，嘴里念念有词，仿佛在讲述什么不愉快的回忆。

迷之森林与精灵

图小灵一边哭一边跑着，不知过了多久，他发现自己闯进了一片未知的领域。

地上开满了圆滚滚的奇怪的花，又或者说是不会蠕动的毛毛虫更恰当一些。这些毛毛虫花的身上长了各种颜色的怪圈，不知道是为了好看还是染上了什么奇怪的病症，有黄色的、紫色的、棕色的、黑色的，还有灰色的……可惜这些毛毛虫花不会说话，也不跟外人有任何的互动。图小灵壮着胆子用手轻轻抚摸它们，传递到掌心的是顺滑而冰凉的触感。这些是什么东西，它们是这个森林的一部分吗？小灵渐渐忘记了刚才的烦恼，心里充满了讶异。

从毛毛虫花再往前走，一排排巨大的圆形罐头树出现在眼前。大罐头树上没有一根延伸出来的枝条，也没有一片叶子长在身上或者落到地上。它只是笔直地向上生长着，表面反射出银白色或者蓝色的光。如果不是贴在罐头树的表面，能隐约听到细流的声响，图小灵还以为这些都是没有生命的装饰品呢。罐头树的表面和毛毛虫花大有区别，虽然看上去都是光滑的，但是罐头树摸起来有无数坑坑洼洼；相比之下，毛毛虫花的身体就是光溜溜的。这可太神奇了，身处显卡里面，居然还能找到这么一个千奇百怪的植物园。只是不知道这里是不是还生活着机械鸟儿，或者电子老虎呢？小灵胡思乱想着。不过就算有，在它们的眼中自己也不过是某种类型的新式食物罢了，这样的话，还是不要遇到能跑的动物为妙。

奇异的事物不只有毛毛虫花和罐头树，这里还有一排一排的高墙，把道路分割得七零八落，图小灵只能凭着感觉乱转，不由得越走越深。眼前出现了很多方方正正的树。就称呼它们为"正方树"吧，小灵心想，反正这些或者黄色或者黑色的大家伙们也不会跳起来反驳，除此之外，还有带窟窿眼儿的"六角形树"等，五花八门，简直可以写一本植物大全了。不过这里最让人啧啧称奇的，是一个立在半空中的大圆环。这个圆环全身都被密密麻麻的金属丝绑了个结实。那金属丝是金色的，看上去锃亮锃亮的，沿着圆环一圈一圈地包裹缠绕，只留下少许的缝隙。

图小灵压抑不住好奇，伸手去抚摸坚硬牢固的金属丝，想试一试能不能拆解下来。可是这一试不要紧，金属丝似乎有什么魔力，将图小灵牢牢地吸住了。图小灵大惊失色，正要挣扎，却觉得身体不受控制地漂浮起来。他被一双无形的大手捉到了半空中，眼看就要塞进大圆环的中心了。图小灵心中懊悔不已：实在是太大意了，不知道森林中的电子老虎是长成这个样子的，更不知道对方进食的方式这么高级，居然是先用古怪的外表诱惑自己，再施展魔法让自己漂浮起来，最后用中心的大洞一口吞下。

"救命啊！"图小灵顾不上再去想象这些奇妙的动植物会如何吞咽和消化食物了，他可不想就这样成为不知名生物的盘中餐。

"有人吗——小沃，X博士，是我错了，快救我吧！"图小灵感觉自己离圆环中心越来越近悲从中来，声音也愈发变大了。

感觉还是没有人来，图小灵索性把眼一闭，心一横：爸爸，妈妈，对不起，我下辈子再做你们的儿子吧！他的眼泪再也止不住，簌簌而下。而就在此刻，在这个长相古怪的被金属丝缠绕的圆环之下，有人说话了。

"你这个小家伙，在电感线圈上捣什么乱呢？"

图小灵猛地睁开眼睛，向着声音的方向使劲儿扭过头去。虽然看不真切，但似乎是一个和X博士、小沃长得差不多的人。这可真是救命稻草，图小灵急忙扯着嗓子大喊起来，"阿屁，接口，啊不，大侠，英雄，勇者，求求你救救我吧，我就要被这个怪物吃掉了！"

"慌什么，这也叫事儿？"来人不屑地回答，伸手拽住图小灵的身体，猛地使劲儿，将他从线圈中心的洞口拖了出来。

图小灵跪在地上，惊魂未定地大口喘着粗气，伸出手来想表达感谢。

"先回答我的问题吧，你在电感线圈上干什么呢？"对方看样子并不领情，只是重复刚才的问题。

"您是这里的主人吗——我，我叫图小灵，对不起，我只是好奇，这老虎——不，您刚才说它叫电感线圈？"

"是的，有问题吗？"

"这个线圈，为什么要吃掉我？"

"吃掉你？"来人禁不住笑出声来，"这是电磁感应啊，电流通过线圈时产生了磁场，磁力把你给吸过去了。"

"电流通过线圈……为什么要这么做呢？"图小灵听得一头雾水。

"那就看具体应用场合了，这不叫事儿。"对方皱了一下眉头，"简单来说，电感是很常见的一种电子元件，它主要负责滤波，也就是把可能危害到整个系统的东西，尤其是过大的电能量过滤掉，只保留可用的。差不多就是这个意思吧。"

"嗯，我大概懂了。"图小灵逐渐缓过神来，"所以，你到底是谁啊？你和小沃、X博士一样，都是阿屁老师吗？"

对方愣了一会儿，突然笑出声来："什么？噢！你是说API是吧，那他们确实是阿屁。我不算，我是精灵。"

"精灵？"

"对，我是专门帮助人们解决烦恼的精灵欧吉尔，无所不知的那种。"

OpenGL

"真的吗？"图小灵有些狐疑地望着这个自称精灵的家伙。他戴着一副十分可疑的墨镜，身上穿着灰扑扑的衣服，土里土气的，丝毫没有华贵和高尚的气质；头发也乱糟糟的，乱到自己都打了卷，在头顶形成一个大大的O，从侧面看起来则像是褐色大甲虫的大颚闭合起来的样子——这无疑让他的相貌更加不修边幅。这个看起来就像是每次洗完澡之后从来不梳头的邋遢大叔，和传说中美丽的，长着一双透明翅膀会飞的精灵仙子差距也太大了吧？不过，那些毕竟是人们想象出来的，眼前这位欧吉尔先生，或许真的是"精灵"这种生物在显卡世界里的标准形象也说不定啊。想到这里，图小灵还是小心翼翼地开口了：

"那么，您可以解决我的烦恼吗？欧吉尔……精灵先生？"

"让我看看，这都不叫事儿。"精灵先生得意地一笑，煞有其事地绕着图小灵转了几圈，"你看起来不是这个世界的人，你是从外面的现实世界来的吧。你想回家，但是又找不到办法，对不对？那两个家伙，啊不，那两个阿屁给你出了个主意，要重新把你渲染成真实的模样，但是他们觉得太麻烦就不想做了，只想凑合，是不是这样？"

图小灵不停地点头。这么神奇吗？这位精灵先生居然对自己的经历一清二楚？难道说……图小灵的脑海中浮现出一种不祥的可能性，但是他又使劲儿摇摇头把自己否定了。也许这位欧吉尔先生，真的有能力帮助自己也说不定。

"所以，我到底该怎么办呢？渲染出来的结果不好看，但是大家都说计算机图形学里本来就要'近似'处理，做不到完美。真的是这样吗？就没有更好的方法了吗。"

精灵欧吉尔扁了扁嘴巴，一副不屑于回答的样子，"近似处理，嗯，这话说得倒是没错。不过，你觉得自己哪里不完美呢？可以说来听听。"

图小灵努力思考着，到底是什么地方不完美呢？身体形状是有了，脸上的五官也都摆在了正确的位置上，衣服、裤子、鞋子一样不少。衣服上手绘的图案也确实就是自己日常穿的那件衣服的，就算有点瑕疵，反正不是什么名牌衣服，所以也不在乎。那么，有什么是不能接受的，在日常生活中一眼望过去就觉得不合理的呢？

图小灵歪着头努力地想了一会儿才回答说："第一个问题是，感觉形状不够细化；第二个问题是，感觉质感不够强。"

"有意思，总结得很有逻辑性啊，不过这都不叫事儿。"精灵欧吉尔满意地点点头，"细化的问题我们待会儿再说，先详细地描述一下，你所理解的质感是什么吧？"

图小灵又陷入了冥思苦想，这些问题看似简单，但是真的要描述清楚也不是那么容易的：如何描述自己的样子，光为什么能照明，质感是什么东西……计算机图形学里需要解决的问题都是日常生活中再常见不过的现象，但是要把它再现出来却需要付出巨大的努力，需要那么多的GPU们夜以继日地工作。太神奇了，难道我回到现实中，也会发现有这么多看不见的小人儿在随时随地描绘世界吗？也会有类似小沃或者X博士那样的图形接口在坐镇指挥吗？如果不是这样的话，那在现实世界中，又是通过什么样的方法来创造生机勃勃的万物呢？

"快说话，别走神！"精灵欧吉尔见图小灵正在发愣，马上摆出一副臭脸，"不然再把你送回电感线圈上怎么样？"

"不，这太可怕了，我刚才摸了一下就……"图小灵正要反对，突然想起了刚才自己在这片森林中的探索。对啊，表面光滑如玻璃球的毛毛虫花，还有表面坑坑洼洼的罐头树，这不就是所谓的"质感"吗？想到这里，他马上大声回答："质感就是——比如说，就比如那个卧倒在地上的毛毛虫花，它摸上去是光滑的，然后那个罐头树，摸着就是粗糙的感觉，像做木工用的砂纸一样，至于那个'线圈'树，我看着像是金属丝，应该很光滑才对，但是摸了一下也是有些粗糙的，然后我就被吸起来……之后就遇到了您。"

欧吉尔满意地摸了摸自己下巴上的小胡子："你管电阻叫毛毛虫花，然后电容叫罐头树吗，观察力不错啊。而且，你已经说出了两个关键词：粗糙，还有金属。"

图小灵有些不明所以："粗糙、金属，这有什么特别的地方吗？"

"不特别，不叫事儿。"精灵欧吉尔嘿嘿一笑，"不过放在计算机图形学里，我们得稍稍改一下名字，这两个词就分别叫作——粗糙度（Roughness），还有金属度（Metallic）。"

基于物理的着色

"粗糙度和金属度？"图小灵还在重复念叨着精灵欧吉尔刚刚说过的两个词语。此时精灵欧吉尔已经不知从什么地方变出了一面镜子，仔细一看，竟然和之前小沃与 X 博士帮自己构建身体外形时用到的魔镜别无二致。

图小灵有些惊异："你怎么会拿到这面镜子的，还有——哇，这里居然也保存了我的身体模型？难道这是你从 X 博士他们那里抢过来的？"

精灵欧吉尔没好气地哼了一声，说道："谁稀罕抢他们的东西，这都不叫事儿。你的身体数据在'造型之谷'已经制作完成并且输入到显卡内存里，我只是把它重新调用出来而已。至于这个镜子，哼，在这个世界里，难道不是人手一个的必备品吗？"

"噢，说的也是。"图小灵点点头，"不过你说显卡内存，我记得屏幕缓存也是显卡内存的一种对吧，但是它可以很快地读写，并且更新图像到屏幕上。"

"看来你还挺机灵的，不过你的造型数据还远不到输入给屏幕缓存的时候，毕竟你自己都不满意对不对？"精灵欧吉尔不动声色地回应道，"废话少说，再仔细想一想，你在镜子里的形象，现在是什么质感？"

"这……"图小灵急忙把脑袋凑到镜子前，里面的画面他已经看过很多遍，但是每一次重新观察，总会有新的收获。很快，图小灵就像是发现了什么大秘密一样，拍着手跳了起来，"天啊，我感觉，我好像没有什么质感？"

"没质感？"

"是啊，怎么说呢？"图小灵皱着眉头，"就是平平无奇的那种感觉，好像我是个卡通小人儿一样。"

"你换个说法，用之前学过的名词试试？"精灵欧吉尔的脸上写满了期待，这让图小灵也有些跃跃欲试了。

"嗯，就是说，我的身体模型看上去，虽然有漫反射的效果，但是所有朝向光源的表面，看上去都是差不多的样子，显得很平淡，至于镜面反射……嗯，我也明白，在我身上没有什么可以强烈反射光的金属制品，但是我的头发，还有皮肤，在阳光下也应该有更复杂的反射效果吧，至少不能和衣服是同一种质感的，对不对？"

"看来，你发现了'近似'光照模型的最大弱点，就是对'材质'的定义能力有限。"精灵欧吉尔用手依次指了指图小灵的头发、脸蛋、衣服，还有远处的罐头树和"线圈"树，"高反光度的有头发丝、高透光的皮肤、布料编制的衣服、木头、塑料、金属丝，就是靠这么多不同的材质，构成了丰富多彩的世界。然而只用一个简单的 Blinn-Phong 光照算法，是表达不出这个世界的美好的，所以，我们选择……"

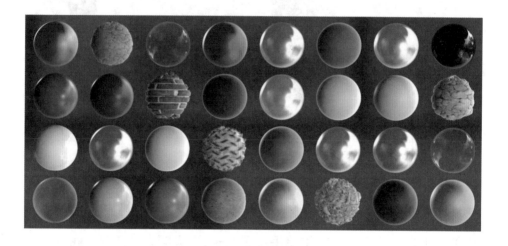

"选择什么，推翻之前的光照方法吗？"图小灵紧张地问道。

"选择加两张贴图，这样就不叫事儿了。"精灵欧吉尔调皮地笑了起来。

贴图？图小灵的大脑又飞速转动起来。他还清楚地记得小沃用一张巨大的纸将自己包裹起来，而那张纸被清晰地拓印上了自己身体的形状之后，再把颜色和图案涂到纸上，就是所谓纹理贴图的全过程了。一想起来，就觉得既恐怖又麻烦。

"所以，需要再把我包起来，然后画什么东西上去吗？"图小灵小心翼翼地问。

"包起来？没那个必要，你的 UV 坐标已经记录下来了。"说罢，精灵欧吉尔变起了魔术：他从身上抽出了两张巨大的纸，但是和小沃拿出来的白色宣纸不同的是，这次的纸是纯黑色的，反而画笔是白色的。

在黑色的纸上画白色的画？这是什么意思呢？图小灵还在琢磨，精灵欧吉尔却已经干脆利落地行动起来：他在图小灵模型的脸和胳膊的位置随意涂抹了几笔，又把衣服的部分细细涂白。此刻镜子里立即发生了变化，原本单调的皮肤顿时呈现出一种淡雅和舒服的色彩，与衣服平实的质感对比显得泾渭分明。随后精灵又有头发的部分稍微刷上若隐若现的白色细丝；图小灵正想说这样会显得自己变老了一样，却惊讶地看到镜子里自己的头发突然开始有闪亮而柔顺的光泽。"天啊，这是怎么做到的？"图小灵按捺不住又惊又喜的心情，脱口而出。

"对于一个经验丰富的老手来说，这都不叫事儿。"精灵欧吉尔得意扬扬地昂着头，鼻子看起来都要翘到天上去了，"话说，你知道什么叫作'粗糙'吗？"

图小灵一愣，这又是一个听起来理所当然的问题，但是真的刨根问底的话，此刻自己却无言以对。

"粗糙就是，摸起来好像很多小疙瘩和小洞一样……嗯，就是感觉很不平滑的样子。"图小灵磕磕巴巴地说。

"你说的没错啊，怕什么，这又不叫事儿。"精灵欧吉尔撇撇嘴，"只不过要翻译成科学的语言，粗糙就是'非常不规则的表面'，而光照也因此变得非常没有规律了。换句话讲，越是光滑的表面，镜面反射的效果越集中，越是粗糙的表面，镜面反射的效果就越分散，整体上看上去也会更暗淡。"

精灵欧吉尔说得起劲，顺手把刚才画了图小灵皮肤和衣服的黑色纸也展开来，铺在小灵的面前。"你看你的身体颜色，不会像玻璃或者大理石那么光滑，所以稍微加一点粗糙度，让它看上去色泽更丰富；而你的衣服，基本就是不反光的布料材质，所以粗糙度设置成最高就可以了。"

　　图小灵认真地观察着这张名为"粗糙度贴图"的黑色宣纸，其中被涂抹成纯白色的地方，就是粗糙度最高的地方；而完全没有被画上白色的地方，就是纯黑色的光滑表面。那另一张黑色宣纸应该就是"金属度贴图"了，如果在这里把某些区域涂成完全的白色，那么是否就会变得金属感十足了呢？

　　精灵欧吉尔好像猜到了图小灵的心思，他放声大笑道："你想试试金属度贴图的效果对不对，这就来。"随后他不由分说，直接在另一张宣纸上把图小灵的裤子和鞋子部分都涂了大片的白色。这下子可好，图小灵的下半身迅速变得浮光跃金，闪烁发亮。他禁不住想起了公园里的那些铜铸的雕塑，因为身体经常被游客摸来摸去，就变得格外光亮，人脸凑上去，就像是看一面古代的铜镜。而此刻的图小灵仿佛就是这般光景——宛若铜铸的裤子和鞋子，映出了目瞪口呆的他和坏笑的精灵欧吉尔。要是以这个模样回家，怕是会被搬到公园门口展览吧？到时候如果同学们都过来摸一把的话，怕是从此就名声扫地了。

　　想到这里，图小灵慌张起来，急忙阻止道："不能这样，不能这样，我懂了！金属度贴图涂白色的话，就是彻底的金属化了，镜面反射特别强，闪闪发亮，甚至还能当镜子用；如果是黑色的话，就，就——"

　　"就是绝缘体，而且就像你说的，不能当镜子用了。"精灵欧吉尔笑道，"不过如果粗糙度很低的话，那么依然会闪闪发亮，这就属于陶瓷、大理石，或者玻璃等材质的范畴了。"

　　他一边说着，一边随手将金属度贴图的宣纸团成一团，往天上一丢便消失不见了。镜子里的图小灵也随即恢复了正常。图小灵松了一口气，心里默默思考着刚才发生的一切：如果金属度和粗糙度都很低（黑色），那么就是光滑无比的陶瓷、大理石；如果金属度很高（白色），粗糙度很低，那就是闪闪发亮的铜镜，或者汽车的车漆；如果金属度很低，粗糙度很高（白色），那就接近于皮肤，布料，木头这些；如果金属度和粗糙度都很高呢？

"如果两者都很高，那就是生锈的金属，或者磨砂表面了。"精灵欧吉尔总是能猜透图小灵的想法，"你家有没有暖气片，或者金属保险柜？就是这个感觉。"

"原来如此！"图小灵使劲地点头。虽然只是相处了短短的一段时间，但是在他心里，这个精灵欧吉尔简直就是显卡世界中神灵一样的存在，比小沃和 X 博士不知道高到哪里去了。

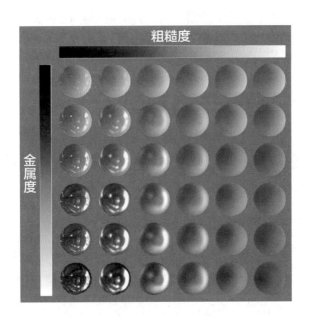

"所以，精灵先生，这种粗糙度和金属度的方法既然这么简单，为什么小沃和 X 博士不肯告诉我呢？而且既然它的效果这么真实，为什么人们还是要坚持使用古老的 Blinn-Phong 算法呢？"

"这个嘛……"精灵欧吉尔思索了一阵，"也不能说简单，只是我在这里生活得很久了，把这些经验都总结起来，做成可以直接使用的工具包而已。况且这依然是一种'近似'的计算方法，它本质上也没有完全脱离传统的光照公式，只不过稍微有一些创新罢了。"

"那么，这种方法也有帅气的名字吗？"

"有啊，虽然这么说并不完全正确，不过我们还是愿意称之为……"精灵欧吉尔低下脑袋沉吟道，"Physically Based Rendering，也就是基于物理的渲染方法。"

"这么长的英文名字！"图小灵吐了吐舌头，"这个我可背不下来。"

"不用背，你只要记住 PBR，三个英文字母就可以了。"

阴影不断逼近

解决了质感不够精细的问题，图小灵觉得自己心头的一块大石头终于落了地，此刻他也有些担心起小沃和 X 博士他们。不知道他们是不是还在焦急地寻找自己，也不知道他们会不会在这片神秘的"幻之森林"中迷失方向。

"我觉得，我是不是应该回渲染工厂了。"图小灵忧心忡忡地说，"毕竟他们可能一直在找我，而且我也差不多可以回现实世界了。"

"回现实世界？你想从'渲染工厂'回去吗？"精灵欧吉尔有些好奇地看着图小灵，"那两个家伙是这么告诉你的？"

图小灵隐约觉得精灵欧吉尔对小沃和 X 博士的口气并不是很友好，不过他也没有太在意。"是啊，我是从'虚实之隙'被传输到屏幕缓存中的，所以我肯定要在重新塑造自己的身体之后，通过屏幕缓存再回去啊。"

"嗯……"精灵欧吉尔沉思了片刻，"哈哈，原来如此，不过这都不叫事儿。话说你这就满意了？不觉得还缺点什么？"

"对了，我还觉得自己身体的某些部位形状太简单了，比如手指、眼角这些，感觉就是不够细致，还可以再细化的样子。"

"说的好，不过这个问题并不叫事儿。"精灵欧吉尔摆了摆手说道，"你还记得，你自己的几何形状是怎么获得的吗？"

"这个，好像是在我身上点了很多个顶点，然后把这些顶点连接，构成很多三角面。这个过程感觉特别辛苦，GPU们在我身边跑前跑后的，忙个不停。"

"哼哼，没错，这就是我们不愿意增加太多顶点数量，把模型构造得太精细的原因之一：这项工作太烦琐了，要把大量的顶点和三角面信息都搬运到渲染仪器中，不仅容易疲劳，还特别低效，谁愿意天天负责这么个苦差事啊。"

图小灵若有所思地点点头："这倒也是，所以，大家都默认只要模型看起来'近似'，工作就算是完成了吧？"

"倒也不一定，"精灵欧吉尔挑了挑眉毛，"渲染嘛，本来就是要给像你这样的普通人看的。如果都是凑合的半吊子工程，那么谁还愿意看啊。所以显卡里提供了一个方法，让你可以从目前已有的顶点中，再产生更多的点，并且自动把它们都连接成三角形，这样那些原本看上去有棱有角的地方，一下子就平滑多了，也更接近于真实的物体模型了。"

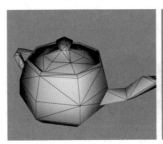 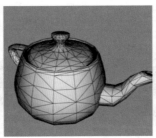 

"还有这种好事？这是什么神奇的方法，你能做到吗？"

"哼，我可是这片森林的元老了，这些要求对我来说啊，那都不叫事儿。"精灵欧吉尔哈哈大笑起来。他在自己身上的口袋里翻了一翻，找出一块造型奇特的卡片，然后塞到镜子机器里。图小灵马上看到自己的造型变得圆润和平滑了，眼角和手指也不再有刚才那种突兀的感觉，和人类的眼角与手指轮廓别无二致。

"这，这也太厉害了！"图小灵高兴得不能自已。

"这种方法叫作 Tessellation，也就是表面细分。记不住英语没关系，不过这可不是人人都能学会的技术哦。"精灵欧吉尔说罢，又指了指镜子里的图小灵人像，"这样满意了吗？还有没有让你觉得不合理的地方？"

图小灵再一次认真地审视镜子里的创作成果，这一次，无论是外形，皮肤和衣服的质感，还有柔和的光照，似乎都已经让他满意了。如果说还有什么缺憾的话，那就是，自己的身体一直看起来像是飘了起来，离开了地面一样。他原本以为在这个显卡世界中，能在天上飞行是正常的技能；但是如今看来，大家明明都是脚踏实地的，为什么镜子里的自己看起来像是浮在空中呢？

"是因为'近似'渲染的问题吗？总觉得我的脚没有踩在地面上。"图小灵小心翼翼地指着镜子里的自己，低声说道。

"还是因为少了什么东西吧？"精灵欧吉尔调皮地笑了笑，拿起笔在镜子上随便涂抹了几下，在图小灵脚下加上了一个黑色的圈，"这下子是不是自然多了？"

影子！图小灵恍然大悟，原来正是因为自己的影子没有出现在画面里，才显得飘在天上的感觉。而精灵先生只是画了一个圈，居然就让这种漂浮的感觉消失了。图小灵突然想起来隔壁邻居家的小妹妹每天必看的动画片，那里面角色用到的好像也是圆形的影子呢，果然这样就可以把卡通角色的生动感提升一个档次。只不过，圆形的影子放在现实世界中也太奇怪了，如果让别的同学看到了，还以为自己是站在一口井里呢。

"这个发现太重要了，"图小灵急忙呼吁，"千万不要凑合啊，如果就用一个圈或者一个方块来表达影子的话，我会成为同学们笑话的对象的。"

"哈哈，那也叫事儿？"精灵欧吉尔不屑地回答，"给你加上逼真的影子，这绝对不是什么问题，不过你知道影子是怎么产生的吗？"

图小灵叹了一口气，又是这种听起来理所当然，回答起来却无比困难的问题啊。看来这个显卡世界里的人们，对于各种常见的自然现象都必须有一套科学的理论去解释，不然的话就没办法付诸实践去渲染了。唉，不过这也是情理之中的事情，计算机又不是神仙，不教给它画图的方法，它是没办法自己创造的。

"我觉得，影子之所以存在，是因为有光吧。"图小灵有些不确定地回答。

"很有哲理的回答，然后呢？"精灵欧吉尔眯着眼睛盯着图小灵。

"然后……"图小灵一下子语塞了。

"想象一下，如果阳光本身也是一个人呢？"

阳光是一个人？图小灵瞪大了眼睛，这听起来像是古代神话里的事情，比如太阳神，他应该就是代表阳光的那个人吧？可是他和影子又有什么关系呢？难道是在古代的某一场神与人类的战争中，出现了影子？

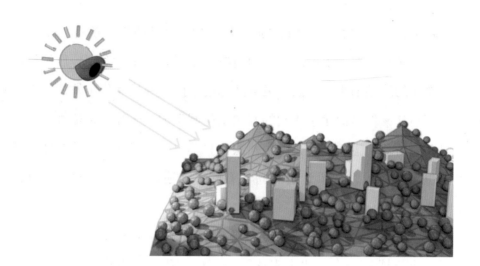

"别胡思乱想。"精灵欧吉尔看出图小灵正在走神，很不满意地提醒他一声。随后，精灵欧吉尔用手指向了远处刀锋形状的山脉，小灵知道，那里被称作"光之山丘"，只是他一直很好奇，山丘的顶端到底有什么东西，云雾之外到底是什么东西始终在轰鸣。

"你从这个角度，能看到'渲染工厂'吗？"精灵欧吉尔问道。

"呃，不能吧，被那些山丘挡住了。"

"说得不错，所以那里属于你看不见的地方。在你的眼里，它们就像是阴影一样，虽然存在，但是你对黑暗中的它却一无所知。"

好神奇的比喻。图小灵正想点头，却突然激灵了一下，"阴影？这就是阴影吗？如果我是光的话——那我看不见的地方，就是影子了吗？"

"很简单，没错吧。"精灵欧吉尔又得意起来，"所谓的影子，就是光照不到的地方；如果我们提前知道光照不到哪些区域，就可以精确地把阴影绘制出来了。计算机图形学里就需要用这样的思考方式来解决问题。"

图小灵张大了嘴巴说不出话来。原来如此，这样就解决了这么关键的问题，真不愧是精灵大人啊。

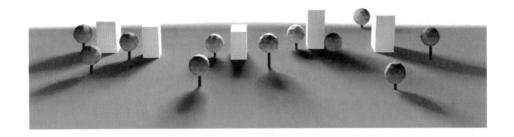

"虽然很简单，不过和之前的光照和材质算法一样，这个方法也有自己的名字——Shadow map，也叫作'阴影图'算法。"

"明白了，精灵大人。"图小灵已经对精灵欧吉尔的神力感到心服口服了，"那么，该如何实现这个 Sh……'阴影图'算法呢？"

"简单来说，有三个步骤。"精灵欧吉尔打开了话匣子，"首先，从光源的位置，发射足够多的光线出来。这些光线就像是串馒头片或者羊肉串的签子一样，直挺挺地刺在模型的不同位置上。如果模型的表面有高有低，足够复杂，那么签子串过去之后，露出来的长度想必是有长有短的。而从签子尾部往前看过去，你其实只能看到串在签子上的最后一块馒头或者肉，之前到底有没有东西，你是不知道的。"

"好多羊肉串签子……"图小灵努力运转自己的大脑，"所以只要把这些签子露出来的长度都记录下来，就好了吗？"

"当然没有。第二步，从另一个角度去看同一个模型，此时你可以看到之前被遮挡的那些位置了，换句话说，你可以看到整个签子上到底有几块羊肉，几块馒头了。从光源位置发射出来的签子还是一样的，不过此时你看到的是：它穿透了多个物体，或者在一个物体上穿透了多次，并且在每一次接触物体表面时都留下了孔洞。将这些孔洞都收集到一起，它们到签子尾部，也就是光源位置同样是有一定距离的，将这些距离值都记录下来。"

"这个……"图小灵觉得有些晕头转向，"数羊肉串上面肉的块数吗？听得我都馋了。话说每次穿透肉块表面都留下了孔洞，那不是会有很多个孔洞，很多个距离值吗？"

"是的，不过我们只需要保留距离尾部最近的那个孔洞就好了，这样就只剩下一个距离值了对不对？然后就是将两次的距离值进行比较的最后一步了。"精灵欧吉尔继续说，"我们只看其中一根签子，也就是一条光线：如果第二步记录的距离 d1 和第一步的距离 d0 相同，那么就可以认为，它们位于物体表面的同一点，并且这一点肯定是被光源照亮的。"

图小灵一边点头，一边在地上写写画画，心里默念着糖葫芦、羊肉串、馒头片……

"如果第二步记录的距离 d1 大于第一步的距离 d0，那就说明，从这个孔洞到签子尾部，中间还有另一块肉挡在路上；也就是说从第二步的位置点到光源的路上，一定有另一个点阻挡住了。那样的话，第二步记录的位置点一定位于阴影区内。"

图小灵咽了一口吐沫，仔细看着自己在地上画的草图，脑子里想象着烤得焦香的肉串被撒上孜然和辣椒粉的情景，冒着热气的油脂慢慢从肉的表面滑落，散出一缕缕肉香。虽然还不能完全领会精灵欧吉尔的解释，但是听起来这确实是一种香喷喷……不是，行之有效的计算方法，就算图小灵并不了解任何程序编写的细节，但是也大概能听出其中的逻辑性了。

"所以，我也可以拥有阴影吗，精灵大人？"图小灵有些犹豫地问道。毕竟这个方法听起来，确实还是烦琐而有难度的。

"当然了，在我这里，这都不叫事儿。"精灵欧吉尔满意地笑了起来。

光与暗的分歧点

精灵欧吉尔再次变魔术一样地掏出了另一张卡片，插进了镜子仪器里。果然，默认光源投射在图小灵身上，并且在他背后产生了阴影。这让小灵的形象瞬间显得真实了许多，现在就算是回到现实世界，也和其他人的样子没有区别了吧，也可以自称是地球人了吧？图小灵想着，不由得理直气壮地挺起了胸膛。

"这只是针对平行光源的阴影图实现，针对其他类型的光源，还有区别。"精灵欧吉尔补充道。图小灵点头表示明白，光源主要有三种，平行光、锥形光，还有点光。这个理论他记得还是很清楚的。

"不过话说回来，精灵大人，您的卡片真是太神奇了。"图小灵情不自禁地赞美，"只要插上去就能够实现想要的效果，之前我们费了好大劲才能生成顶点、生成三角形、设置 UV 坐标、绘制纹理，然后再添加光照——各种工作都需要小沃、X 博士还有 GPU 们忙个不停才能实现。相比之下，您只要动动手就可以做到这么多伟大的事情，您难道真的是这个世界中的神吗？"

"神？哈哈哈——"精灵欧吉尔哈哈大笑，"那也不至于，我只是积累了比较多的 SDK 罢了。"

"S 什么 K ？"图小灵一愣。

"就是软件开发包的意思，"精灵欧吉尔解释道，"有经验的程序员会把自己开发过程中经常用到的功能整理成一个个小模块，就存储在我手中的这种小卡片里。如果需要用这个功能，就直接插入使用，方便快捷，不需要从头编写代码。"

"原来是这样，看来您就是传说中的超级程序员了?"图小灵面带崇拜地说。

"那就言过了，说实话我其实和那两个接口没有什么区别，也可以算作图形接口的一种吧。"精灵欧吉尔满不在乎地交代了自己的身份。

"可是，我觉得您比小沃和 X 博士厉害多了——虽然他们对待我都很友善，但是他们要实现类似的功能却花了很多时间，而且 PBR、阴影图这些，他们好像根本就做不到啊。这是为什么呢?"

精灵欧吉尔琢磨了一下，这才回答道："这并不是他们的错，使用别人写好的软件包也不是百利而无一害的事情。如果使用的功能不合适，可能根本就无法运行，也可能让整个系统负荷过大。况且，作为图形接口 API，我们本来就没有权利直接调用 SDK 的……"

精灵欧吉尔正在向图小灵解释的时候，两人的身后突然变得嘈杂起来。转头看去，原来是愤怒到狂躁的 X 博士，正大踏步地向着两人所在的方向冲过来，嘴里还含含糊糊地大叫着什么。小沃和 GPU 们则互相拉扯和搀扶着，小心翼翼地跟在后面，带着满脸惊诧、狐疑和慌张，似乎他们害怕这片充满了未知的森林。

"你，你……你居然，你这个可恶的家伙，居然还活着哪！" X 博士一马当先，指着精灵欧吉尔发话了，"这下子我就想通了，我之前还奇怪怎么会有我们之外的人在这个显卡里，原来失踪已久的家伙已经堕落成了野生的魔王了——承认吧！在'造型之谷'的时候，就是你堵塞接点造成系统暂时短路的吧？现在你又把外面来的人引诱到了这里，你到底有什么企图？"

精灵欧吉尔也马上沉下脸来，"你说的什么乱七八糟的，这叫事儿吗？相比之下，反而是你们两个在琢磨什么馊主意，让这个孩子被渲染成这个鬼样子就想收工，简直连最基本的责任心都没有。"

"你还有资格说这种话？"X博士愈发生气，"我看这孩子穿越到这里，没准就是你的阴谋！说，你到底想干什么，毁灭这个世界吗？"

"X博士，不要说了……大哥，大哥不会这么做的。没有人比我更了解他。"小沃跑得上气不接下气，大口喘息着插话。

"一派胡言！都这个时候了，难道你还要替他辩护吗？"

"以大哥的为人，就算有矛盾，他也不可能伤害我们！"

两个人激烈地争吵着，图小灵觉得听也不是，不听也不是，他转头望着精灵——或者说是小沃的大哥欧吉尔——想要听一听他讲出自己真实的想法。

"精灵先生，不，欧吉尔先生，这到底是怎么一回事？"图小灵问道。

"哼，"欧吉尔不以为然地朝着图小灵的方向瞥了一眼，"正如你看到的，我们虽然都是API，但是关系相当不睦。"

"我不是这个意思，我是说，刚才X博士的问题……"

"怎么，你也怀疑是我搞鬼吗？"欧吉尔的眼神变得凌厉起来，"你觉得被我利用了？还是觉得我是把你困在这里的罪魁祸首呢？"

"不，我不是这个意思，"图小灵慌忙解释，"我只是想知道，为什么？为什么你们之间有这么多的误会？"

"误会？"X博士的声音从身旁再次响起，"他觉得小沃是一个威胁，害怕了。所以抛弃了大家独自离开，这叫什么误会？这叫临阵脱逃才对。"

"你不理解大哥，他没有把我当成威胁，他有自己的苦衷……"小沃努力替欧吉尔辩护。

"你确实是一个威胁，一个被设计出来取代我的威胁。"欧吉尔突然开口，声音冰冷。

在场的每个人都因为这句话而愣在原地。

图小灵几乎无法相信自己的耳朵，这还是那个风趣聪明，还掌握了各种强力 SDK 的精灵大人吗？这个欧吉尔，他难道真的是对小沃和 X 博士满怀仇恨吗？

"大哥，你……"小沃嗫嚅着。

"你叫图小灵对吧，"欧吉尔再次转身望着浑身僵硬的图小灵，"你想要的渲染效果，我帮你做到了。如果想感谢我的话，就穿过这片森林，去'坠落之海'。"

他说完就头也不回地离开，转瞬便消失在"幻之森林"各种造型奇特的树海里，留下其他人站在原地面面相觑。图小灵望了望 X 博士，X 博士无奈地看着 GPU 们，它们不约而同地瞅着小沃，小沃则不言不语地低下了头。

许久，X 博士才郑重其事地发话道："小灵，你的渲染质感和阴影，是欧吉尔帮你实现的吧——你最好不要以为这是他的好意，他离开我们很久了，可能已经变成了一个诡计多端的阴谋家。刚才他最后一句话，让你去'坠落之海'，就是证据：如果你去了，肯定是九死一生。"

"九死一生？为什么呢，如果精灵——如果欧吉尔先生想要杀死我，他在这片树林里有的是机会。他为什么要等到那片'坠落之海'呢？"图小灵颤抖着发问。

"我也不知道，我看不透他。"X博士低吟着，"但是你现在身上加了这么多效果，实际上是无法渡过那片海的。尤其是我当初为了避免你消失，把整个系统都设置为低功耗模式运行，就更不可能渡海了。"

"效果？渡海？这到底是怎么一回事？"图小灵有些不明就里地转头看向小沃。以往他都会毫不犹豫地插话进来，哪怕这样会让X博士不高兴。

但是小沃低着头默不作声。

耳边再次传来X博士的声音："我也很难说清楚，但无论如何，那里不是你应该涉足的地方。事实上，就连小沃和大部分GPU们也没有去过那里——说得直白一点，那里是死亡常驻的黑暗之所。相比之下，现在还是马上回到'造型之谷'和'渲染工厂'更安全。"

图小灵静静地思索着，轻声问道："回去的话，我现在拥有的PBR的材质、表面细分还有阴影图，还能存在吗？"

"也许可以。"X博士回答，"至少我们可以在安全的地方去处理它们，毕竟对于渲染来说，你现在身上的负担太重了。"

"我还是不明白，"图小灵摇摇头，"刚才你说效果太多不能渡海；现在你又说负担太重了。你说的到底是什么问题？"

"就是渲染压力的问题啊，没有人比我更清楚了。"小沃的声音微弱而平淡，"显卡世界的资源是有限的。当采用实时渲染的方案时，每一帧都要计算很多个像素点，每秒钟要生成很多帧图像。我们使用各种'近似'手段去表达物体的形状、纹理、材质、光照，都是为了确保'实时'性，因此要做出各种牺牲。"

"所以，你的意思是？"

"我的意思是，你现在也需要做出牺牲。你身上的效果太多了：顶点数、三角面数、纹理图、粗糙度贴图、光照效果、PBR材质、表面细分，还有阴影渲染……都加在一起，仅凭目前显卡世界的能力是跑不动的，也就无法将你送入屏幕缓存。就算成功送进去，运行速度也会变得很低，你可能抬起一只手都需要一分钟——这样一来，现实中的你会变成什么样子，我们都无法预测。"

图小灵沉默了，好不容易才做到足够真实的渲染效果，有了回到现实世界的希望。现在却要作废重来？既然这样，那欧吉尔又何必花费时间、精力和SDK卡片来帮助自己？他又何必让我去危险无比的"坠落之海"相会呢？

"我觉得，欧吉尔的话里，一定还有别的意思。"图小灵考虑了半晌才缓缓地说，"我要去找他。"

"你，你这么做是不要命了吗？"X博士有些绝望地呼喊，"哪边是光明，哪边是黑暗，你都分不清了吗？"

图小灵没有回答，径自向前走去。

"有缘的话，我们在'渲染工厂'再会吧，虽然我也不知道会发生什么事。"从图小灵身后传来了小沃极不自信的声音。

7

坠落
之海

巨人沉眠于海底

不知道走了多久，图小灵终于看到了森林的尽头，那里是一望无际的静谧海洋。海水是深蓝色甚至是黑色的，和现实中的大海不同，这里没有潮起潮落，根本就看不到一丝波涛。如果不是提前听说了"坠落之海"这个名字，小灵还以为自己看到的是一大片平静的湖面，或者是覆盖了深色妆容的沉静湿地。

在海边伫立的，正是精灵欧吉尔、X博士的敌人欧吉尔、小沃的哥哥欧吉尔。图小灵心乱如麻，一时间不知道该怎么称呼这个神秘莫测的人物了。

"你果然来了。"欧吉尔面无表情地望着大海，头也不回地跟图小灵打了个招呼。

"欧吉尔……接口先生，你让我来这片海，是有什么事情要告诉我吗？"图小灵谨慎地问道。

"算是吧，"欧吉尔点点头，"不过我并不想和你讨论太严肃的话题，我觉得相比之下，那些都不算事儿。"他说完用手指了指眼前的大海，示意图小灵直接走过去。

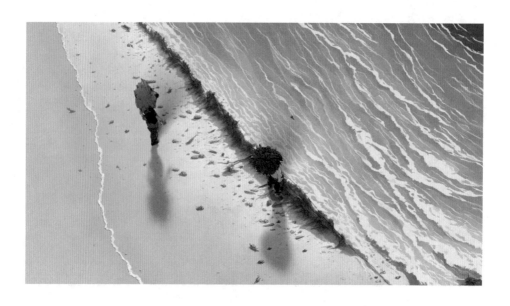

　　图小灵此时才惊讶地发现，不知道什么时候，之前只出现在镜子中的那个精美渲染的模型，现在已经全部转移到自己的身上。换句话说，如果现在的自己回到了现实世界，那么从外表看起来和一个普通的小学生已经没有区别了，一切渲染效果都是完美的，看来现在就是返回现实世界的最佳时机。也许，欧吉尔的意思是不需要通过"渲染工厂"，从这片"坠落之海"就可以直接回家了？

　　图小灵按捺不住激动的情绪，大步迈向了海边。但是当海水即将没过脚面的时候，他的心里又开始犹豫起来。X博士警告说，来到这里的人会九死一生，这片海究竟有多大呢？只是靠游泳的话，应该没办法顺利完成旅程吧？海里有什么致命的危险吗，比如鲨鱼或者触手怪物？也许该找一艘船来渡海才比较妥当吧？

　　想到这里，他又转过头来望着欧吉尔。对方却丝毫没有帮忙找船的意思，只是用手再次指向远方，示意图小灵下海。

　　图小灵咬了咬牙，大步向前方走去。海水逐渐没过他的脚面、膝盖、大腿、腰部、胸口……和现实中的海水不同的是，图小灵感受不到水的温度，也感受不到温暖或者寒冷，这里的水只是一种不同于空气的深色固体物质而已，似乎正努力托起图小灵的身体。它默默地裹住图小灵的身体，用微弱而坚定的浮力使劲向上支撑着。

这样深邃的海洋本身就让图小灵感到恐惧：这不是陆地生物对于水的天生恐惧，而是普通人对未知事物的恐惧。图小灵不敢再向前，他害怕自己会踏空，从此落入不知名的深渊；他也害怕海水会突然变得狂暴，无预兆地将自己彻底扯入海底。

图小灵犹豫地转头问欧吉尔，"如果浮不起来，我会怎么样？"

欧吉尔叹了一口气，他似乎觉得自己不应该在此刻一言不发："这里毕竟是海洋，所以你只有浮在水面上才有前进的可能；如果你沉入海底，那么你便沉眠于海底。"

图小灵觉得自己的身体正在发抖，"沉眠于海底"这几个字仿佛是千钧的重担，压住了他的后背和喉咙。他从未感觉自己的身体这样沉重，他几乎无法控制自己嘶哑的带着哭腔的嗓音："我觉得我浮不起来了，我该怎么办呢？"

欧吉尔并没有上前相助的意思，他只是冷静地凝视着海中的图小灵，"你可以现在返回，把能丢弃的东西都丢掉，直到自己能浮起来为止。"

"那我，那我应该丢弃什么呢？"

"嗯……"欧吉尔思忖了片刻，"把所有的贴图、PBR 材质，还有阴影图都去掉试试吧。"

图小灵还没来得及回答，就感觉自己的身体突然极速地变轻了，有什么东西从身上被剥离了。身边的海水似乎一下子得到了动力，开始活跃起来，托举身体的力量骤然变强。图小灵感到自己的双脚离开了海底的地面。

"太好了！"这几个字刚喊出口，图小灵就发现自己身体的异样。皮肤的材质、纹理和阴影都消失了，回到了最初那种水晶一样光滑的样子。头发、脸、手脚、衣服都成了一样的白色。

"我的纹理，还有材质，都哪里去了啊？"图小灵着急地大喊。

"我收走了，为了让你浮起来。"欧吉尔回答，"不过看起来，你对此并不满意。"

"当然不满意了，怎么能这样？"图小灵有些抓狂地挥舞着手臂。此刻他正在海水中漂浮不定，好像是一只巨大的白色水母，又像是藏在海底贝类中的一颗纯洁的珍珠。

欧吉尔挥了挥手，将之前收回的渲染功能还给了图小灵。图小灵马上感到自己的双脚突然下坠，重重地落在了尚浅的海底地面上。海水荡漾着，一瞬间几乎没过了他的脖子和嘴角。如果要使用完整的渲染效果，就必须维持这具沉重的身躯吗？图小灵想着。

"所以，你愿意舍弃什么？"欧吉尔依然毫无怜悯地发问。

图小灵的心里十分纠结，他不想轻易放弃任何让自己变得更加真实的效果，但是他对于现状又毫无办法。"退一步海阔天空"，此刻他想起了爸爸以前对自己说过的话。那是在他痛失班级第一名而趴在床上痛哭的一个晚上，爸爸也许是为了安慰他说：并不是每一件事都要争强好胜，有的时候，退让或者放弃是更好的选择。

那么，现在就要做出更好的选择吗？如果要舍弃的话，舍弃哪个更容易被自己，被他人所接受呢？

图小灵一言不发地站在海里，水面安静地停留在他的下巴上。他内心的畏惧逐渐消失，轻轻地俯下身，试图在水中睁开眼睛。这海水并不咸也不苦，他的眼睛也没有感受到任何刺激。水下的透光性也比现实中的海洋好了很多，图小灵看到一条倾斜的陆坡正逐渐向前延伸，没有鱼和海草等活着的生物存在。只是远方隐约有很多巨大身形的物体，似乎是高楼，是汽车，是巨型机器人，是尘封千年的古战场……它们沉入海底，或斜倚，或平躺，或伫立，一动不动，悄无声息。

图小灵再次把头伸出水面，他的声音里，好奇逐渐替代了恐惧，"海底有很多东西，它们是什么？"

欧吉尔苦笑了一声："是巨人，沉睡在'坠落之海'的巨人。"

"巨人？可我觉得其中大部分根本就不是人啊？"图小灵追问。

"这个故事可有点长，你如果想听的话，就上岸再听吧。"欧吉尔无奈地回答。

世界上第一张真正支持三维渲染的显示卡，诞生在 1995 年。不过在那之前，实时渲染的概念，以及图形接口 API 早就存在，并且很多算法理论也逐渐成熟。

无数跃跃欲试的程序员们开始尝试编写三维游戏、仿真程序，以及虚拟现实程序。他们的心中包含着一个伟大的虚幻世界，这个世界看似与现实相仿却胜过现实百倍。在这个想象的世界里，人类早已移民到千百光年外的星球，天空中总是漂浮着巨大的岛屿，地下迷宫里隐藏着无尽财宝与巨大的吃人怪物，而走在繁华的街道上，美景与美人总是让人目不暇接。

没错，在这里，不需要战争，不需要贫穷和饥饿，不需要枯燥无味的上班与油盐酱醋的生活。在这里，有的人喜欢冒险，有的人喜欢竞赛，有的人喜欢听故事，有的人喜欢做实验……在这里，热情、雄伟、美好、未知、艰险、勇气等交织在一起，多么令人神往！程序员们激动了，他们觉得自己可以创造这样一个虚拟世界，哪怕只是显示在一个方形的屏幕中，哪怕只能存在于一个沉重的头盔里。

然而现实却冷酷得令人无法喘息，要制造如此瑰丽的场景，需要耗费太多的资源，需要耗尽所有的时间。那时的计算机，以及现在的计算机，都还没有办法创造无限大的新世界，更不能把所有美丽的事物都表达完整。因为无法承受渲染的巨大压力，人们精心创造的科幻都市沉没了，未来感十足的人形机器人沉没了，记载了无数古籍典藏的虚幻图书馆沉没了……这些原本伟大的程序作品，因为计算机和显卡硬件的限制而无法运行，或者因为耗尽了系统资源而崩溃，最终沉眠于此——这也是"坠落之海"这个名字的由来，没错，因为无法正常执行，所以只能坠落海底。

"所以，如果不想和这些程序有同样命运的话，"欧吉尔冰冷的声音再次响起，"你愿意舍弃什么？"

真实感的本质

　　图小灵的思绪交织在一起，此刻正如火焰一般灼热。他并不是不愿意舍弃，如果一定要放弃什么东西才能够从这个世界离开的话，他愿意没有影子，或者没有精致的手指和光滑柔润的皮肤。如果因此能够与家人和朋友重聚的话，那么做出必要的牺牲并不是什么艰难的选择。但是他不甘心，不甘心就这么承认自己失败，不甘心就这样不做任何努力，只是听了别人的劝阻就黯然离开。让他特别不甘心的是，明明已经有这么多的先行者沉眠在海底，却依然有人为了实现渲染的真实感而殚精竭虑，前赴后继，以至坠入海底——明明这才是让许多人无论洒下多少汗水和泪水都依然向往的目标，现在却要求自己简单地死心、投降、放弃——如果做出了这样的选择，那恐怕比次次都考不了第一名还要让他气馁。

　　"为什么，别人能做到呢？"图小灵喃喃自语。

　　"你说什么？"欧吉尔有些好奇地盯着他。

　　"我在 VR 眼镜里看到的太空船、海洋，还有天空，那些不是真实的效果吗？那些难道会比渲染一个逼真的'我'更困难吗？如果那些能够做到，为什么我要选择放弃呢？"

"说得好，可惜我不知道别人是怎么做到的。"欧吉尔赞许地点了点头，却又指了指自己空瘪的口袋，"不过这并不是什么事儿，你要拿出自己的计划来，我手头的 SDK 卡片里，可没有能帮助你做到太空船那种效果的方法。"

图小灵感觉自己的大脑在飞速地运转，又似乎在绕着同一件事不停地转圈圈：为什么要做材质和光照效果，因为要让看 VR 的人感觉很真实；为什么要一秒钟渲染好多帧，为了让看 VR 的人感觉不延迟；为什么程序会跑不动，因为添加了太多的材质和光照效果，还有渲染好多帧；为什么要添加这么多效果，因为要让看 VR 的人感觉很真实……

看 VR 的人？图小灵的脑子里突然闪现出大大的几个字。他禁不住想起了，今天下午时候自己刚刚打开 VR 眼镜的外包装时，包装盒上那个表情夸张的大姐姐。

那个大姐姐才是观众吗？就算她沉浸在虚拟世界中，能够让她惊讶的，也依然只是出现在她眼中的那一部分场景不是吗？

而图小灵自己戴着 VR 眼镜玩耍的时候，也只有眼前出现的场景才会让他激动不已：开始先是大海与热气球，然后是太空船的船舷，转过

身才是船长与水手。那群面容憨态可掬，辛苦劳动的水手们，在图小灵转身之前，就算存在于场景中也是无法被看到的；而如果转身的那一刻图小灵正好闭上了眼，那么一切事物都不复存在，至少在那个瞬间，它们就算被渲染出来，也毫无意义。

好家伙，这应该属于妈妈常说的"唯心主义"吧。图小灵在很小的时候，其实也多少有过类似的想法：这个世界其实是因为我而存在的，我睁开眼，就看到高楼林立鲜花盛开；我闭上眼，一切皆归于黑暗。因此，图小灵小时候经常吵闹着不肯入睡，因为幼小的他隐约觉得，如果自己睡去了，也许整个世界也就消失了。等到自己再次醒来的时候，万一世界并没有出现，那么此时将会目睹怎样一番景色呢？

万幸的是，现实世界并不是这样多变的，长大后的图小灵大可以随心所欲地入睡和醒来。但是此时此刻，身处显卡世界中，图小灵却无意间想到了一个将自己曾经的噩梦与当前的困境完美结合的方法。

"真实感的本质是什么？"图小灵这样问道，他也许是在问欧吉尔，也许也是在问自己。

"你说什么？"欧吉尔有些莫名其妙。

"真实感的本质，"图小灵自己解答道，"就是让看到的人觉得，他眼前的景色足够真实。对吧？"

欧吉尔有些诧异地瞪大了眼睛，他的声音微微颤抖起来，"你继续

说下去。"

"你们说过，实时渲染的最大特色，就是用'近似'的方法去解决复杂的问题。所以，如果能够让看到渲染结果的人'近似'认为画面是真实的，就足够了。"

"那么，你有什么好方法吗？"欧吉尔饶有兴趣地盯着图小灵。

"我还不是很清楚，但是我有一个大概的想法，就是有选择地舍弃我自己。"图小灵一边思考一边回答，"如果我站在距离观看者很远的地方，那么我就舍弃阴影、手指的细化，还有 PBR 材质，反正那么远了他本来也看不清楚；如果我距离观看者越来越近，那我就逐渐把一些效果加上去。但是如果我和观看者已经是面对面说话的时候，那我就把自己腰部以下都舍弃，反正他也看不见了，不是吗？"

"哼，连你自己的身体都拆开来，你不觉得这样很恐怖吗？"

"放在现实世界中，当然很恐怖，因为会有很多双眼睛在看我，不可能没有人注意到我连下半身都没有了。但是在虚拟现实的世界里，就不能再用常规的思维方式了，对吧？只要能满足最终显示的需要，可以无所不用其极——这是我这段时间学到的最重要的东西。"

欧吉尔沉默了一会儿，突然放声大笑。他的笑声爽朗、真切，似乎之前的阴霾都一扫而空。

"满分！小伙子，你通过考验了。"欧吉尔渐渐止住了笑意，"你太像我曾经遇到的那个人了，又或者说，你是他的缩小版，也不为过。"

"他是谁？"图小灵觉得有些意外。

"这个不是事儿，有机会再告诉你。"欧吉尔摆了摆手，"现在就让我们先实践一下你说的方法好了。正如你所说的那样，我们需要一个观看者——不过在计算机图形学领域他有一个更为直观的代名词，叫作摄像机，英文名是 Camera。"

图小灵还未来得及反应，欧吉尔却已经变出了一台像模像样的摄像设备，通体是黑得发亮的金属色，上面密密麻麻地分布着很多看不懂的按钮。摄像机的最前端是黝黑的镜头，但是随着开关开启，那镜头开始隐约地闪烁着淡黄色。这光芒开始逐渐变亮、放大，然后竟然穿透出来，在空中形成了几道金光。金光互相连接，逐渐形成了一个金色的浮空方框，之前还无助地站在海中的图小灵，此刻就身处于这个方框之内，他感觉有如开启了仙境大门一般；只是伸手去摸的话，金色方框的边缘并没有任何实际的触感。

"这算是施展魔法吗？刚才你为什么不用啊。"图小灵又惊又喜地向着欧吉尔喊道。

"这不是魔法，我只是按照你说的，用一台摄像机去观察你。"欧吉尔坏笑着回答，"只不过，如果你选择直接放弃的话，我会省事一点罢了。"

"我才不会放弃，"图小灵也兴奋起来，"不过，我还是有一个问题：如果我站在摄像机的视野之外，因此真的舍弃了自己的身体，等到摄像机转向我的时候，我该如何把舍弃的部分拿回来呢？这样一丢一拿，难道不会耗费更多的时间吗？就像是穿脱衣服一样。"

"那你就把显卡的功能想得太简单了，"欧吉尔摇了摇手指，"你的所有信息，在'造型之谷'的阶段就已经记录到显卡内存中了。所谓的舍弃，只是在某一帧画面中，因为看不到你，所以不用渲染出来。如果下一帧摄像机的角度发生了变化，你又重新进入了视野，那么当然会把你立即绘制到屏幕上。这里不存在'丢出去'的动作，更确切地讲，这里只是把你从'准备绘制的物体名单'中划掉了——事实上，有一个表意更准确的英文单词可以描述这个操作，就是 Cull，中文可以说是裁减，或者剔除。"

"又是一个英文单词。"图小灵不情愿地默念了几遍，假装自己已经记住了，"既然这样的话，那显卡为什么不直接判断一下我的身体是不是在视野之外，然后自动把它剔除掉就好了啊。为什么还要我自己来做这样的工作呢？"

"这个问题就没有那么简单了，事实上，你现在又把显卡想象得太智能了。"欧吉尔撇了撇嘴巴，"对于显卡来说，你的模型也好，大山大海的模型也好，无非都是由一堆顶点和一堆三角形组成的。把这些数据一股脑地传递进来的过程，称作一次'绘制调用'（Draw Call）。但是显卡并不能判断这堆顶点是不是只属于你，或者是你和牛羊还有背后的山放在一起传递进来的。因此，它也没办法直接把你剔除出去；因为它并不能预先知道这堆数据中哪些是有用的，哪些是没用的。"

"这，什么人会把我和牛、羊还有山放在一起啊？"图小灵有些恼怒。

"很正常吧，"欧吉尔不屑地回答，"你也是把自己直接当成一个整体，为什么没有进一步划分出心、肝、脾、肺、肾的模型呢。"

图小灵哑口无言，只能听欧吉尔继续说。

"三维场景的管理就是另外一门学问了，如何把平原分解成小花小草，如何把机器分解成零件，如何把人分解成五官和脏器……你如果想听的话，三天三夜都讲不完。只不过，这次的时间紧迫，我们还是先解决眼前的问题吧。"

放弃的艺术

"回顾一下你刚才的认识，"欧吉尔一本正经地说道，"以观看者或者摄像机为中心，只渲染看得见的事物。换句话说，就是'裁减'掉看不见的事物，是这个意思吧？"

图小灵点了点头，虽然他自己对"裁减"这个词还是一知半解。

"这里需要你回答一个小问题：什么叫作看得见的事物？"

"这——"图小灵觉得自己的智力受到了挑战，"看得见，不就是看得见吗？你站在我的眼前，就看得见，在我身后就看不见。难道不是这样的吗？"

"你只是提出了一种可能性，但是实际中还存在其他的情况。"欧吉尔摇摇头，"这个回答怕是不过关啊。"

其他情况？图小灵有些懵，甚至有些怀疑自己的脑子。不过他随即灵光一闪道："对了，对了，确实还有别的情况。就是你躲在什么东西后面了，所以看不见你。"

"还不错，"欧吉尔满意地说，"假设观看者是在看电脑屏幕或者 VR 头盔的画面，那么你刚才说的两种情况，其实也可以解释为：物体在屏幕空间之外，或者物体在屏幕空间内被其他物体遮挡了——没错吧？"

图小灵连连称是。

欧吉尔的神色认真，再次发问道："那么，从计算机的角度，它该如何知道你在屏幕外，或者你被挡住了呢？"

图小灵愣了一会儿，只能低下头无奈地承认："我，我不知道。"

"这也难怪，毕竟又轮到无所不在的数学出场了。"欧吉尔笑道，"还记得坐标系的概念吗？你在构建自己和世界的时候，是以什么为标准的？"

"这个我还记得，"图小灵抢答道，"是 X 轴、Y 轴、Z 轴三个坐标轴，它们互相是垂直的，然后学校、教室啊，还有我自己，都可以定义成一个（X，Y，Z）坐标上的顶点——嗯，这样画出好多好多顶点，再用三角形把它们都连起来，就把我自己的模型做出来了。"

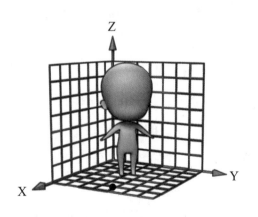

欧吉尔朝着图小灵竖起了大拇指："记忆力不错嘛，不过，这个坐标系的原点……"

"原点可以是世界的原点，也可以由我自己来定。"图小灵再次抢答，"比如我脚下是坐标系的原点的话，Z 轴就指向我的头顶，Y 轴指向我的面前，然后 X 轴，嗯，X 轴在我身体的左侧，右侧……"

图小灵有些犹豫。欧吉尔则不屑地摆了摆手："这些不叫事儿，按照你的划分法，如果 X 轴在你身体的右侧，就是右手坐标系；如果在左侧，就是左手坐标系。这两种坐标系统，都有人在使用，它们对于计算机图形学中的算法表达，也并不是什么决定性的障碍。"

"这样啊，"图小灵有些失落，"那你突然问起坐标系的概念，和'裁减'这件事又有什么关系呢？"

"当然有啦。"欧吉尔眨了眨眼睛说，"要想知道事物是不是离开了观看者的视野，你需要额外构建一个新的坐标系统，也就是摄像机坐标系。"

"摄像机坐标系……所以摄像机就是原点吧？"图小灵思忖道。

欧吉尔继续解释："没错，不过按照习惯，我们需要把三个坐标轴的位置变换一下。Z 轴是从摄像机的中心指向摄像机正后方的，而 Y 轴指向摄像机的正上方——"

"等等，你说正后方？"

"哼，你的反应还挺敏锐的，不过这也不算什么事儿。"欧吉尔说着，在沙滩上随便画了两笔，"这只是为了保持摄像机坐标系和世界坐标系的一致性罢了，关键在于，这个 Z 轴的意义，以及摄像机工作的原理。"

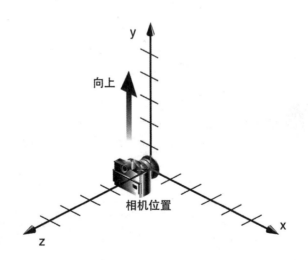

"摄像机工作的原理吗？"图小灵歪着脑袋想，"我就是在手机上对准，点一下按钮，就拍下来了啊。"

"不是手机啦，我是说，光学原理。"欧吉尔气恼地说道。

"光学，是那个凸起来的镜头吗？"

"没错，镜头是至关重要的，它可以将外界的光线收集起来，调整它们的角度，最后汇聚到一张底片上——所谓底片，可以认为是一张长方形的小塑料片，它可以感受外界光线的强弱并且在片上留下颜色信息。当然，现在的手机摄像头不会再有底片的概念了，但是在计算机图形学诞生之初，可是大量借鉴了其中的数学原理呢。"

"长方形的小底片。"图小灵默念着。

"而且，摄像机采用了复杂的成像镜片组，所以它可以采集各种视野范围内的图像。这个视野范围较小的时候，摄像机能够拍摄到更远的物体，而且拍摄得更清楚；如果视野范围比较大，那么它甚至可以看到镜头侧面的物体，也就是所谓的广角镜头了。"欧吉尔得意地滔滔不绝。

"长方形的底片，可以通过镜头获得更大的视野。"图小灵一边念叨着，一边在沙地上随手画出了一个图形。他稍微端详了一下，不禁脱口而出："这不是一个梯形吗？"

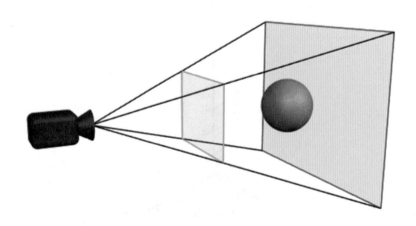

欧吉尔凑过来瞅了一眼，点头道："没错，画出来确实是一个梯形，

不过你也得考虑它是一个三维空间的形状，所以准确来说，这是一个棱台，或者说得更规范一点，这个形状叫作截锥体。"

"截锥体吗？"图小灵认真地端详着沙地上的图案，头脑中想象一个略显复杂的三维形状，它像是一个下面宽上面窄的王座，王座的最尖端就是摄像机。而摄像机的底片就是王座最窄处的平面。至于王座最宽处的平面，那应该就是摄像机能看到的最远距离了吧，距离越远，能纳入视野的物体也就越多。这似乎和人眼的特性十分相像呢，只不过，人眼才不应该是这么简单的结构。

"人眼的结构也许要复杂得多，"欧吉尔每次都能准确猜到图小灵的心思，"不过对于崇尚'近似'原则的计算机图形学而言，这么一个截锥体就足够了。它能够用很简单的数学公式来表达，而且，你也很容易判断一个物体是不是在这个截锥体的内部，或者和它交叠，或者在它之外。"

"原来如此，"图小灵一拍大腿，"所以能不能裁减视野之外的物体，也就是判断物体是否在这个截锥体之外，对吧？因为只有截锥体范围内的画面才会被收集到底片上，而底片，其实就是观看者眼前的电脑屏幕呗？"

"嗯，你果然很聪明啊。"欧吉尔长长地出了一口气，"把摄像机视野之外的物体裁减掉，不让它参与渲染，这种方法就叫作'视截锥体裁减'法。不瞒你说，那些做实时渲染软件和游戏的人，这个方法可是他们的必修课呢。"

图小灵兴奋起来，只见欧吉尔又掏出了一张卡片，使劲儿捣鼓了一阵子。小灵顿时觉得自己的身体开始变得轻飘飘的，之前那种负重感几乎荡然无存。"你果然是留了一手呢，明明有现成的 SDK 可以给我用。"小灵又气又感激地说道。

"我不是说过了吗，刚才是给你的考验。本来要完成这些相对基本的功能，对我来说也不是什么事儿。"欧吉尔轻松地回答。

"不过，你刚才说过，有两个关键的知识点，对吧？"图小灵突然意识到了什么，"一是理解摄像机的原理，二是 Z 轴的意义？"

欧吉尔也仿佛想起来什么，"是啊，差点忘了。我刚才说过，在摄像机坐标系中，Z 轴是朝向摄像机身后的。不过这不是事儿，你只需要知道 Z 轴表示的是物体与摄像机底片之间的距离就可以了。"

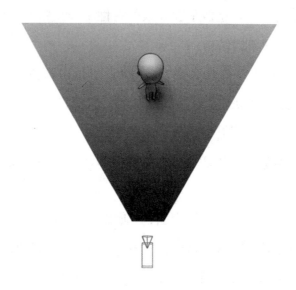

图小灵点头表示理解："所以，结合刚才那个截锥体，在它底部最宽的那个平面上的物体，就是距离摄像机最远的物体呗？再远就看不到了。"

"是的，再远就看不到了。而且标准摄像机和人眼的特性类似，看近处的物体会变大，看远处的物体会变小。你有发现过这个奥秘吗？"

图小灵惊讶地张大了嘴。近处的物体大，远处的物体小。这件事似乎是自己还在吃奶的时候，妈妈就会讲述的道理了。远在天边的月亮和飞机，小得好像自己一口就可以吞掉，但是等自己第一次从机场出发去旅行的时候，却发现飞机大得可以装下几百个像自己一样大的小孩。而月亮更是比自己所处的城市大出无数倍。

"真的啊，为什么会有'近处大远处小'这个现象呢？"图小灵禁不住提出了一个看似很简单，却很难回答的问题。

欧吉尔皱了一下眉头，"这个要从数学上解释，还是挺费工夫的。简单来说，你的眼睛也好，摄像机镜头也好，都是一种类似透视镜的结构，眼前的物体穿过透视镜，成像到视网膜或者相机底片上。近处的物体视角比较大，所以成像也比较大；远处的物体视角小，所以成像也很小。而这个穿过眼睛或者镜头成像的过程，就叫作透视投影了。"

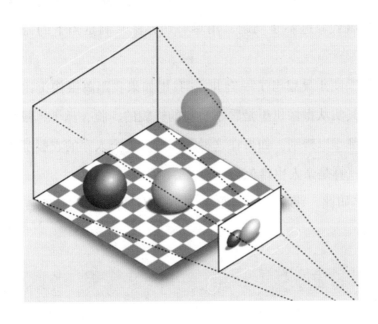

图小灵紧盯着欧吉尔，努力吸收着新知识："我明白了，所以飞机起飞时我从窗户看街上的车辆和行人，感觉他们都快浓缩成一个个小黑点了，再远一点就完全看不见了。"

等等，小黑点？

如果只能当作是小黑点看待的话，那么这些车子和行人的模型要渲染成什么样子，有没有光照和材质的区别，其实都无所谓了吧？

"我觉得，我好像找到了另一种'放弃'的方法。"图小灵若有所思地说。

风乍起

"让我听听你新鲜的想法吧。"欧吉尔满怀期待地说。

"也不是什么新鲜的想法，我感觉，可能还稍微有一点蠢。"图小灵有些信心不足。

"'蠢'在这里并不是一个贬义词，"欧吉尔提醒道，"正因为显卡硬件的能力有限，很多时候，我们不得不采用一些'蠢'的方法、'近似'的方法，甚至是'可笑'的方法来模拟现实中的情况。也许未来会有更好的方案替代，这不是问题；用尽一切办法来满足当下的需要，才是核心。"

"嗯，"图小灵思考了一会儿，"我想如果我距离摄像机比较远的时候，那么其实从摄像机里是看不清我的样貌的，脸、鼻子、眼睛、皮肤的纹路，都难以辨别。如果在这种距离有另一个人穿的衣服都和我很相近的话，就算是亲人也难免会认错。"

"确实如此，距离远了，很多细节就不再清晰了。"欧吉尔赞许地说道。

图小灵继续说："如果我站得更远的话，远到天边。那么摄像机能

分辨出我是不是人就已经很不错了。此时就算是在屏幕上画一个运动的黑点，说那个就是我，其实也难辨真假吧。而这个黑点，已经不需要什么细节了，单纯一个坐标点就够了。"

"所以，你的结论是什么呢？"

"这个，这个……"图小灵有些紧张，"你不是说过，摄像机坐标系中的 Z 轴用来表示物体到摄像机的距离，那么我就假设：Z 特别大的时候，只显示小黑点；Z 比较大的时候，显示一个比较粗糙的我，PBR 或者阴影这些都可以不要；等到 Z 比较小，也就是我和摄像机很近的时候，再把完整的我摆出来——这样是不是也算是一种'裁减'方法呢？虽然这样要做出好几个复制体，感觉上有些复杂……"

欧吉尔笑而不答，眯着眼睛望了图小灵一会儿。突然他又掏出了一张卡片，稍微晃了晃，示意图小灵再次向"坠落之海"走去。

图小灵有些胆怯地看着欧吉尔，刚才那张卡片并没有让自己的身体变得更轻松，反而觉得好像多了几层外套似的，顿时沉重了不少。图小灵用眼神示意欧吉尔，想让他看看是否搞错了什么，然而对方却大笑着说道："你怕什么，刚才你提到了一种新的场景优化方案，叫作细节层次

（Level of Details），英文缩写是 LOD。你距离摄像机越远，你的细节就越粗糙，直到只有一个黑点为止；而你距离摄像机越近，你的细节就越丰富。怎么样，要不要亲身体验一下这种方法？"

图小灵点点头，壮着胆子向海中走去，身后传来欧吉尔略显困惑的声音："现在是 LOD 的第 3 层次，也就是最精细的层次。"

刚进入海里不久的时候，图小灵还是和之前一样逐渐下沉，海水一点点没过自己的脚面、膝盖、大腿、腰部、胸部。图小灵下意识地深吸了一口气，闭着眼睛继续向前，心想如果海水没过头顶就马上往回跑。然而出乎他意料的是，海水似乎突然开始有了力量。一股微不足道的力量，在一点一点增强，将他沉重的身躯向上推举。

"现在是 LOD 的第 2 层次！马上就到第 1 层次了！"欧吉尔的喊声从身后传来，"是不是感觉自己开始变轻了？"

"是的，而且变丑了！"图小灵回答。他发现自己的皮肤正在失去光泽，衣服上的图案变得模糊不清，手指也变得粗糙起来，好像是几根随便削下来的木棍儿一样。

"继续往前——"欧吉尔呼喊着。图小灵也鼓足勇气，继续向前划水。大海像是终于被唤醒了一样，开始奋力将小灵的身体托出水面。一直以来平滑如镜的海水开始起伏，急促地运动着、呼吸着、感受着。

"到 LOD 第 0 层次，也就是最粗糙的层次了！"

图小灵发现自己的手臂和身体几乎融合到了一起，皮肤和衣服也几乎混合成同一种颜色。他无法想象自己的脸此时是怎样的，也许只是一团模糊也说不定。这个样子扮鬼可是太合适了，小灵心想。不过他随即就改了主意，因为他发现自己的双脚已经和躯干混为一体了——这不就是个肉虫子吗，如果现在这样子回到家里，估计会被爸爸一脚踩扁吧。

但是，这样的身躯在海水里却能毫不费力地漂浮。没错，距离摄像机已经十分远了，此时在观看者的眼中，自己无非也就是远方的一个小黑点，分辨不出双手双脚，也分辨不出长相容貌。现实世界中也时常出现这样的场景吧：一个模糊的身影从远处的路口招着手冲自己跑过来，然而根本看不清对方到底是谁，只能从声音辨认，或者等对方气喘吁吁地跑近，才能从容貌上看出来到底是谁。

现实社会中并没有 LOD 这种神奇的设计：让远方的人变得粗糙，跑近之后再变得细致。但是从计算机图形学的角度来说，这么做能减小了渲染的压力，并且让观看的人无法察觉到层次细节的变化。

图小灵正在思考着 LOD 的精妙之处，远方隐隐约约传来了欧吉尔的呼喊声："喂——回来了，变天了！"

图小灵一愣，见自己的身体已经距离岸边有相当远的一段距离。考虑到自己其实还不会游泳，现在只是靠着浮力和身子乱扭向前，图小灵突然有些慌乱。他开始手忙脚乱地向着岸边扑腾。远处的欧吉尔也正在反复呼喊着什么，他的样貌和神态此刻已经看得不是很清楚，但是声音中的急切却是货真价实的。

变天了？图小灵猛然回过味来，他一边胡乱划着水，一边紧张地抬头望。

此时的远方，闪电正一次次划破天空。之前一直隐隐作响的轰鸣声，此刻已经变成巨大的锣鼓声响。图小灵感到耳膜被震得生疼，欧吉尔的呼喊也几乎被淹没在这巨大的声响里。脚下海水的浮力似乎正在减弱，水花不断翻卷着跃起，又杂乱无章地落下；但是图小灵的身体却愈发轻飘飘的，仿佛被什么外在的力量拽了起来，一直向上升……

与此同时，渲染工厂里，X博士和小沃正面面相觑，反思着刚才在"幻之森林"里的场景。GPU们假装忙碌着，时不时也互相窃窃私语。

"他其实，还是那个家伙没变，对吧，那个OpenGL。"X博士终于低沉着声音发话道。

"对，那就是哥哥，欧吉尔大哥。"小沃低着头，坚定地回答。

"这一切，应该就是他引起的吧，"X博士的声音里充满了无奈，"让图小灵闯进来，然后故意在'光之山丘'制造事端，在'幻之森林'诱惑那个孩子出走……他，他究竟想干什么？哪怕他有苦衷……"

"不会的。"小沃还是斩钉截铁一般坚定，"大哥不会把一个未知的孩子丢进显卡世界里，就算他确实在'光之山丘'做了手脚，又去'幻之森林'和图小灵接触，我相信他一定有自己的想法，他不会害任何人，绝不会。没有人比我更了解他了。"

"好吧，其实我也是这么想的。"X博士长叹了一口气，"那个家伙虽然冥顽不灵，但是也不至于堕落到这种地步。"

"你为什么，这么评价欧吉尔大哥呢？"小沃有些不解地抬起头，"你们俩从很久以前就开始相处了吧？"

"说的没错，一晃已经快要30年了。"X博士苦笑着，"说起来，那个家伙比我还要年长个两三岁。不过这么多年了，我已经挺起了大肚子，他还是那个干练的模样没变。真想不通啊，这么多年的交情，居然说走就走了，而且生死未卜，白白让人担心了这么久——你想让我怎么评价他？"

"所以，真的是那个原因吗？"小沃的声音有些颤抖着，"因为我被设计出来，取代欧吉尔大哥……所以他才狠心离开这里的吗？"

"我也说不清楚，"X博士自言自语着，"其实你初来乍到的时候，欧吉尔还是挺高兴的。毕竟他之前也算是培养过好几个徒弟的，那几个徒弟后来去给手机和浏览器做API了。我当时还调侃他，说他不知不觉的，竟然桃李满天下了。"

"然后呢？"

"然后？你大概也知道吧。欧吉尔仔细地了解了你的接口后他沉默了。我不知道他是听到了有关'你准备取代他'的流言，还是从内心里就感觉你的设计比他强太多。反正，那个家伙沉默了很久，然后突然有一天，说要出去游历——这不是和寻死一个意思吗？也不知道他是哪根筋搭错了，这家伙作为资格最老的接口，说话做事这么不负责任。哼，真是活该！"

X博士发泄着自己的愤懑。小沃看着，扑哧一声乐了出来："你这么一说，我也想起来了。那天貌似谁也拉不住欧吉尔大哥，到最后你跟他大吵了一架，都说再也不想看到对方，然后就分道扬镳了。只是没想到，居然这次因为图小灵的关系，大家又见面了。"

"哼，老顽固，从接口设计到性格，都这么顽固！" X博士不解气地骂了几句，突然又想起了什么，"哎，话说，你怎么看？"

"我看什么？"小沃疑惑地望着X博士。

"看待' Vulkan取代OpenGL '这件事啊？流言传了这么久，早就不用藏着掖着了吧？"

"X博士您还真八卦……"小沃反驳了一句之后，便沉吟不语起来。

X博士还想接着发问，几个GPU却慌慌张张地跑了过来，手舞足蹈地说着什么。

X博士和小沃同时脸色一变，急匆匆朝着屋外奔去。这座渲染工厂的设计密不透风，因此噪声也几乎全部被墙壁吸收。他们跑出屋外才听到震耳欲聋的轰鸣声，望见天边漫卷成漩涡状的风暴眼，以及周围如千百流星坠落的闪电与惊雷。

"这是'风暴之眼'的方向？"小沃在呼啸的风中呼喊道。

"之前设置的低功耗模式自动解除了，"X博士也扯着嗓子，"应该是显卡工作量过载，核心的压力太大，现在'风暴之眼'全功率启动了！"

8

风暴之眼

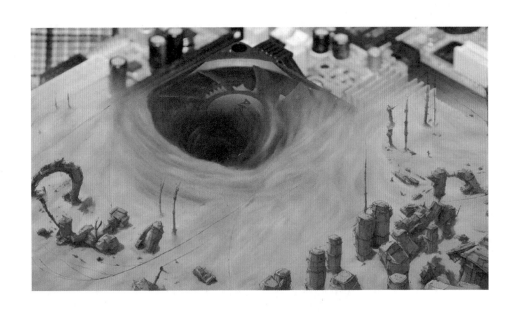

俯瞰这个世界

图小灵还是生平第一次体会到，心脏提到嗓子眼儿是一种什么感觉。

此刻他正在不知道多少米高的天空中，被狂风愤怒地裹挟着前行。"坠落之海"正疯狂地向下坠落，又或者说图小灵正如同一只势单力薄的麻雀一样飞升。也许是显卡世界和现实世界的差异，此刻他并没有感受到风扫过脸庞的刺痛与寒冷，但是在越飞越高的过程当中，图小灵的内心却渐渐融入冰冷。

这个距离，也许只有跳伞才能活命吧。图小灵心中默念着，问题是自己也没有伞包也没有飞翼。此刻他真的有些后悔，为什么之前纠结于渲染效果好不好看的问题，还纠结了那么久……如果早点把重点转移到制造翅膀上也许这个时候还有一线生机吧。

他努力抬头望着高空，一团夹杂着水汽与尘埃的巨大漩涡正缓缓转动着，那是台风？还是龙卷风？无论是什么，那个东西都是之前轰鸣声的真正来源。只不过离得如此之近，图小灵反而感觉它没有那么吵闹，只是单纯的宏伟、庞大、摄人心魄。

　　"喂——喂，你听得到吗？"身后传来一个熟悉的声音。图小灵一开始还以为是自己出现了幻觉，直到那个声音再次响起，他才猛然转头，看到欧吉尔居然也飞了起来，紧跟在自己身后。

　　"你——你怎么也来了？"图小灵惊呼了一声，随后鼻子一酸，又想掉眼泪了。

　　没想到，在自己生命即将迎来最后一刻的时候，居然有一个素昧平生的图形接口甘愿陪着赴死，这该算是令人感动还是令人哭笑不得呢？

　　"你别瞎想——"欧吉尔高喊着，"我知道哪里可以着陆，你跟我来——"

　　说着，欧吉尔伸展双臂熟练地控制着自己的身体，朝着远方一座座陡峭而耀眼的山崖的方向飞去——那不是"光之山丘"吗？图小灵想着，不禁大声质疑："到底发生了什么事情？你去的那个方向不会撞山吗？"

　　"估计是显卡功耗太大，'风暴之眼'全速开动了——"欧吉尔努力地回答，"你跟着我走就对了，现在这种状况，其实不算事儿——"

　　这还不算事儿？图小灵又好气又好笑。不过目前他也别无选择，只能设法跟随欧吉尔一起飞行。但是，图小灵很快发现了另一个严重的问题：毫无飞行经验的自己，根本不知道该如何控制身体的运动方向和稳定性！他在半空中时而疯狂地转圈，时而随着狂风忽上忽下地摆动，折腾得头晕眼花，连自己是正在上升还是下降都分不清楚了。

"你不要乱摆头！"欧吉尔及时发现了图小灵的窘境，他折返回来在小灵身边着急地大吼，"想象一下，你就是摄像机，你正在观看虚拟世界！"

图小灵猛地醒悟过来，摄像机三个字投射到他的脑海里，瞬间幻化成了之前那个黝黑的镜头，还有金光闪闪的浮空方框。现在他明白了，那个镜头就是摄像机坐标系的原点，而浮空方框，其实就是观察者视野的截锥体空间。

"我要观看，这个世界！"图小灵挣扎着吐出几个字，然后拼命寻找着大地的方向。很快他看到了熟悉的海面，以及海边连绵不绝的奇异树木。那里是"坠落之海"和"幻之森林"！图小灵又把身体扭转过来，让自己呈俯卧的姿势，在天空中垂直地下降。此刻他的头顶正对着上方的巨大漩涡，那是"风暴之眼"；而他的下巴则指向地面，眼睛平视正前方，那正是"光之山丘"的瑰丽场景：金属色的岩石，笔直如刀锋的峭壁，以及淹没在沙尘里的神秘山顶。

"对了，就保持这个姿势！"欧吉尔赞许地说道，"还记得摄像机坐标系吗？现在你的头顶就是摄像机的 Y 轴，而你目视的方向就平行于 Z 轴，只不过 Z 轴的正向，其实在你的身后罢了。"

"这个时候，你还有心思教这些？"图小灵苦笑着，努力保持自己的姿态。

欧吉尔显然比图小灵更能掌握飞行的技巧。他游刃有余地跟在小灵的身旁，一刻不停地说教："实际上，有一种简单的方法来确定摄像机的位置和运动姿态，我们称为 Look-at 矩阵。"

"什么阵？"图小灵的耳朵里全是各式各样的杂音。

"Look-at，就是看向某个目标的意思。矩阵是一个数学用语，可以记录各种空间信息和变化。"欧吉尔耐心地边飞边解释道，"Look-at 主要包括三个部分，摄像机的位置、摄像机的观看目标，以及摄像机画面的'向上'方向。"

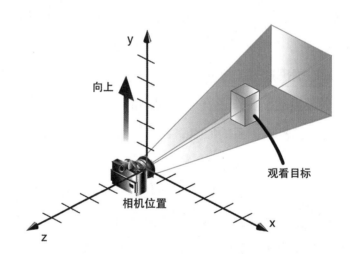

"我关心这些干什么啊！"图小灵有些无可奈何，此时他除了顾好自己的空中姿态，实在是没办法分心了。

"掌握了观看世界的方法，你才能更好地在空中翱翔啊。"欧吉尔说着，舒适地伸展开自己的身体。他应该不是第一次被风暴刮到空中吧？图小灵心想，看这个熟练程度，这个家伙应该已经这样体验过千百次了。

"Look-at 是吧……"图小灵咬咬牙，眼睛紧盯着离自己越来越近的山丘。

"对了，就这样望着前方，山巅就是你的观看目标。而你的头顶，就是画面'向上'的方向。你趴着，你的眼睛就正视着这个世界；你转身躺着，那么你眼中的画面也会随之颠倒。在显卡里，我们也是用同一种方法来观察世界的。"

图小灵感觉自己的血液逐渐冷却下来，他已经不像一开始那样恐惧，风声和雷声依然在耳边呼啸，然而此刻它们却更像是悠扬的笛音流淌。他开始调整自己的姿势，尽量舒适地去端详这个世界。

这是他第一次认真地观察这个显卡内的小小世界，不，应该说是一片广袤的天地才对。"坠落之海"原本平静的海面上正卷起一圈又一圈的涟漪；"幻之森林"里，奇怪的线圈树和罐头树在风中瑟瑟发抖；锋芒毕露的"光之山丘"已经近在咫尺，小房屋密密麻麻排列的"造型之谷"也隐约可见。图小灵拧过身体，混杂着橙色、金黄色与深灰色的风暴漩涡就在眼前。它怒吼着、旋转着，然而样貌却不再可怖，反而任由多样的颜色汇聚、缠绕、凝练，最终融成闪烁着七彩的虹。

"真美啊——"图小灵不禁感叹,虽然身在高空,下一刻就可能粉身碎骨,但是这一秒的绚烂却尽收眼底,这一秒的自由也令人心驰神往。

"怎么样,是不是所有的美景都尽收眼底?这就是漫游的魅力。"欧吉尔的声音再次在耳边响起。

"漫游?"

"没错,自由自在地行走、奔跑、飞翔,像神一样操控世界,或者像一个普通人一样目视前方——这些都是你观察世界的方法,也是我们定义虚拟摄像机的核心诉求:在场景中漫游,认知这个世界。"

图小灵若有所思地点点头,"认知这个世界,听起来好深奥啊。"

"那你就想多了,没这么复杂。"欧吉尔笑道,"你玩过射击类的电脑游戏吧,进入游戏之后,你要做的第一件事是什么?"

"这个,看看附近有没有敌人吧?"图小灵回答。

"这不就对了,'让你的游戏角色四处看看,身处什么地方,有没有敌人',这就是漫游和认知的过程。而漫游过程中你操作的,就是场景的摄像机,它改变的,就是呈现到屏幕上的结果。"

"我明白了,所以你说的 Look-at 矩阵,改变的就是摄像机的位置和姿态。也就是场景漫游的最基本方法。"

"看来你即将出师了。"欧吉尔说着，突然兴奋地大喊，"快——专注看着前方，滑翔到那片云雾里去，我们要着陆了！"

图小灵心中一紧，定睛看去，眼前就是被迷雾笼罩的"光之山丘"的山顶。他曾经幻想过山顶的景色，也许像地狱一样烈火熊熊，也许像末日一样黄沙弥漫，也许像世外桃源一样出乎意料？但是他从未思考过登上山顶的方法。

图小灵想起了小沃、X 博士，还有 GPU 们，他们的生活轨迹似乎都是固定在渲染工厂里，每天枯燥的不停工作。他们或乐观却疲惫，或博学而刻板。而欧吉尔则与这些人大相径庭：他敢于制作和使用各种各样神奇的 SDK 卡片，他去过别人从未踏足的森林和大海，他在空中自在地飞翔，他甚至敢登上高不可攀的迷雾山顶……他究竟经历了什么？他与 X 博士和小沃之间又有什么不可调和的矛盾呢？

"现在冲下去，然后你会撞到棉花堆里——哈哈，别害怕，别把风暴当回事儿——"欧吉尔话音未落就跌进了脚下浓厚的迷雾里。

图小灵也不再迷茫，他选择信任这个奇怪而可靠的家伙。他闭上眼睛，并拢双手和双脚，把身体团成球状，落入尘埃。

摄像师的小屋

"咳咳，咳咳咳——"图小灵发出一阵剧烈的咳嗽，满身的尘土呛得他几乎喘不上气来。他的身旁伸过来一只有力的手，抓住衣服使劲儿把他拽出土堆。

"天哪——"图小灵哑着嗓子气呼呼地说道，一边说一边吐出嘴里的灰尘，"我还以为山顶是什么美景，居然是个大垃圾堆！"

　　"哈哈哈——"欧吉尔放肆地大笑起来，"本来就是啊，'风暴之眼'的职责就是给显卡散热，毕竟'渲染工厂'里一直在满负荷地工作，温度会不断升高嘛。散热的话就得刮风，刮风就会把灰尘积累到一起。久而久之，这里就变成灰尘的聚集地了。"

　　"你怎么不早说，我还期待山顶有什么风景呢！"图小灵无可奈何。

　　"路上的风景不美吗？"欧吉尔坏笑道，"况且，前方也有好玩的东西等着你。"

　　图小灵不得不点头：确实，这次能够在风中飞翔，是自己一生中都难得的体验。

　　山顶虽然遍地是灰尘，但是却格外宽广。两个人结伴向前行进，不一会儿，眼前竟然出现了一座简陋的小屋。

　　"这里就是我平时居住的地方，"欧吉尔笑了笑，"反正就一个人，怎么都不是事儿，凑合能住就行啦。"

图小灵有些惊讶。之前听 X 博士和小沃的说法，欧吉尔应该是抛弃他们离开了。但是没想到，他其实就住在距离"渲染工厂"这么近的地方。只不过除了欧吉尔之外，大家应该都不会想到利用"风暴之眼"的风力来上下山的方法，所以也自然不会想到这个天然的藏身之处了。

"你住在这里，是为了干什么？"图小灵有些好奇地问。

"也没什么事，平时就整理一些 SDK 功能卡片，比如说给你用上的那几个。还有就是，没事的时候我会架设好摄像机，往山下偷看一会儿。"欧吉尔说着，有点不好意思地"嘿嘿"笑了一声。

图小灵有点惊讶："你还有这个爱好？能不能让我也看一下。"

欧吉尔"嗯"了一声，挥挥手把虚拟摄像机生成出来。按照 Look-at 矩阵的设置原则，他将摄像机的目标位置设置为山下的"渲染工厂"，再设置画面"向上"位置为头顶的天空。略微调整了一段时间之后，欧吉尔满意地站起身来，做了一个"请观赏"的手势。

图小灵凑到摄像机面前，他看到一个小屏幕正在显示着"渲染工厂"里的景象：机器冒着白烟"突突突"地运行着，GPU 们依然忙碌地跑来跑去，从"造型之谷"运过来的几何数据被一箱一箱地搬下来，输入机器，再通过粗大的管道输出。管道的另一端据说就是神秘的"虚实之隙"，只不过谁也没有见过那里的情景。图小灵也只记得自己是被直接传递到屏幕缓存中，清醒的时候已经身处二维的像素墙上了；那个连接了屏幕与后台缓存的神秘的间隙到底是什么样子，他的脑海里也是毫无印象。

"看到了什么好玩的东西没有？"欧吉尔凑到图小灵耳边轻声问道，"那两个家伙是不是正在偷懒呢？"

"这个倒没有……"图小灵有些迟疑地回答，"但是，我总觉得哪里怪怪的？"

"什么怪怪的，说来听听？"

"我记得'渲染工厂'应该是有墙壁也有屋顶的啊，而且都是纯白色的，显得内部很肃穆，"图小灵一边说一边不住地往摄像机屏幕的方向看过去，"可是我从这个摄像机的画面里，能清楚地看到工厂内部的景象呢？这不符合常理吧？"

"哈哈——我还以为你没注意到呢。"欧吉尔又开怀大笑起来，"别忘了我们都是显卡里的图形接口，这都不叫事儿。就像你刚才学过的，用'裁减'优化场景的方法一样，只要把工厂的房顶和墙壁强行从摄像机视野中'裁减'掉，不就能看到内部状况了？"

"这么简单？"图小灵心想如果现实中也有这么厉害的摄像设备的话，自己家里的隐私怕是要暴露无遗了。

"不过你确实注意到了一件关键的事情，值得表扬。"欧吉尔话锋一转，"那就是遮挡的重要性。"

"遮挡？"

"对啊，墙壁和房顶会遮挡房间内部的人和物体。所以你用摄像机从山顶直接观察过去，就看不到内部了。"

图小灵挠挠头："这不是废话嘛，谁不知道墙壁会挡住视线呢？"

"嘿嘿，显卡就不知道。"欧吉尔笑着摇了摇头，"场景里的物体这么多，每个都要渲染到屏幕上。谁把谁挡住了，这件事它根本就预测不了，只能统统画出来。"

统统画出来？图小灵马上开口问："那不对啊，如果把所有的物体都画出来，那岂不是乱套了？应该有什么方法来判断遮挡吧？"

"简单来说，有，也没有。"欧吉尔眨了眨眼睛说，"你还记得屏幕缓存的概念吗？"

图小灵努力回忆着，"嗯，这应该是我刚刚穿越进来的时候就遇到的，一个二维的空间。其中的内容是由一个个像素组成，它们通过'虚实之隙'被传递到屏幕上，就是显示给观看者的画面了。"

"嗯，这个定义没有问题。"欧吉尔点头，"不过你说的像素，实际上指的是屏幕缓存里某个点的颜色值，更准确地说，是红色、绿色、蓝色三种颜色混合而成的某一个结果值，我们简称它为 RGB 值。"

"这样啊。"图小灵认真地思考着什么。

"但是，屏幕缓存中的每一个像素点，其实并不只有颜色值这一种信息，它还记录了其他一些内容，比如——"

"比如距离吗？"图小灵突然开口问，"之前你介绍摄像机的时候，我就想问了，你说摄像机的 Z 轴表示'物体到摄像机的距离值'，肯定是有所指才对吧。"

"哈哈，看来以后越来越骗不了你了。"欧吉尔开心地回答，"不过在屏幕缓存中，我们并不称之为距离，而是'深度'。"

"深度啊——"图小灵的大脑继续飞速运转，"所以你说 Z 轴的正向是指向摄像机背后的，那么摄像机中每个对象的距离值，其实都是小于 0 的负数吧。用深度来表达眼前越来越大的负数，还真是很合适呢。"

欧吉尔拍了拍手："这么理解也不是不可以啊。总之，颜色加上深度，再加上其他一些信息，才共同组成了屏幕缓存中的一个像素。而屏幕缓存中存储的事实上是实时渲染的某一帧的图像，因此，我们可以用一个更准确的定义来描述它，也就是——帧缓存。"

"我好像明白了，不过这件事和刚才说的，物体之间互相遮挡的问题又有什么关系呢？"

"你不妨听我说完，这些就不是事儿了。"欧吉尔摆了摆手，"既然屏幕缓存中的每个像素都可以保存颜色和深度值，那么我们想象一下：在实时渲染某一帧的过程中，我先绘制了 X 博士这个蠢胖子——"

"咳咳——"图小灵假装咳嗽几声来提醒欧吉尔注意说话的礼节。

"反正绘制完了，他的样貌和距离摄像机的深度信息都保存到了缓存中。然后再绘制第二个人，就是小沃这个不成器的——这个小瘦子吧。假设他刚好站在摄像机和 X 博士的中间，挡住了 X 博士的一部分身体。"

图小灵想象着小沃努力挡住 X 博士的肚子，然后被暴躁的 X 博士一把推到一边的情景，有点忍俊不禁。

"这个时候，就是深度测试的时间了。"欧吉尔加重了声音，以示重点。

"测试，是要考试吗？"图小灵有些紧张。

"那倒不至于，这里说的'测试'，也就是拿新产生的像素，和同位置的旧像素做比较的意思。"欧吉尔连忙补充道，"此时新像素和旧像素都记录了一个深度值。我们比较这两个深度值，更小的那个显然距离摄像机更近，也就是说，它遮挡了深度更大的那个像素。"

图小灵点点头。

欧吉尔继续说道："如果新像素的深度值更小，那么就覆盖旧像素的数据，让新的颜色和深度记录到帧缓存中；如果旧像素的深度值更小，那么直接抛弃新像素的值即可，帧缓存中的数据没有发生变化——以此类推，小沃和 X 博士的先后关系，以及相互的遮挡关系，自然在绘制的过程中就被解释清楚了吧？"

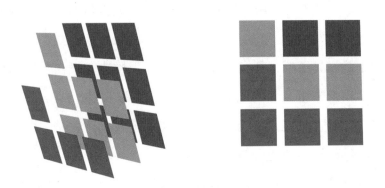

图小灵突然觉得有些庆幸：如果自己不是因为莫名其妙的原因进入这个显卡世界里，就没办法遇到这些奇怪的接口老师和 GPU 们；如果没遇到小沃、X 博士和欧吉尔，也就没办法学习这么多有关计算机图形学和虚拟世界的知识；如果完全不懂得这些知识，那么自己就算回到了

现实，也依然是一个每天放了学就无聊地打打游戏的大男孩而已……那样的话，也许自己一辈子都无法理解这些电脑游戏背后的奥秘，也一辈子都无法明白，一门不起眼的学科背后也许隐藏着无数的奇思妙想。

"谢谢你。"图小灵低着头说。

欧吉尔愣了一下："你说什么，再说一遍？"

图小灵觉得自己的脸涨得发热，他气鼓鼓地回答："那个，谢谢，我听懂了。"

欧吉尔大笑起来，他的笑声让图小灵突然觉得：未来纵使有再大的困难，也许也不算什么事儿吧。

像素的墙壁

"所以，"图小灵好像突然想起了什么，开口说道，"可以告诉我原因吗？"

"你又发现了什么好事情？"欧吉尔饶有兴趣地反问。

"我的意思是，可以告诉我，你离开的原因吗？"图小灵再次强调。

"你是说，我离开'渲染工厂'的原因？"欧吉尔的面色有些沉郁。

图小灵稍微犹豫了一下，不过还是坚定地点了点头。

"我不是说过了嘛，其实没什么大事儿。"欧吉尔摆出一副满不在乎的表情，"小沃来了，他的能力远胜于我，所以我这个老伙计选择隐退而已。X博士估计是老糊涂了，居然觉得我擅自逃跑，是个懦夫……不过我也懒得解释，随他怎么想都行。"

"为什么呢，"图小灵有些着急地追问，"为什么你觉得小沃远胜过你？"

欧吉尔沉吟了一下："这就说来话长了，简单来讲，我和X博士都已经在显卡里生活了很多年，而小沃是一个新人，他的年纪和你大概相仿。"

图小灵暗暗吃了一惊，没想到看起来什么知识都不在话下的小沃，居然和自己一样是一个上小学的孩子。

API 三

"不过你也不必惊讶，毕竟我们是图形接口，和人类小孩的发育过程完全不同。"欧吉尔补充道，"小沃初来乍到的时候，我就感觉到他的与众不同：他抛弃了很多原本看上去很重要的概念，比如光照算法、摄像机坐标系，以及透视投影——他把这些和数学有关的工作都交给程序员处理，而自己只负责最本质的东西，像是启动某个底层开关，或者查询某个机器的工作状态，等等。"

"这，这样的话，不是很偷懒吗？"图小灵有些鸣不平，"小沃如果是这样的人，那还有什么资格取代你呢？"

"这就是理念的变革了，"欧吉尔笑了笑，"图形学还处于发展初期时，程序员只能很有限地使用显卡中的资源，来完成一些固定的渲染工作。那个时候，我们作为 API 会负责大量的对接任务，把很多相对晦涩难懂的功能封装起来，让程序员可以更方便地使用。"

"也就是 SDK 吗？"

欧吉尔点点头："如今时代不同了，计算机发展的水平早就今非昔比。程序员可以掌控比以前多得多的东西，甚至可以在显卡内部编程。这个时候，过于刻板的 API 设计就成了累赘，人们想要的是随心所欲地操作可用的资源，限制越少越好。"

"嗯……所以小沃，他的设计更加合理，更加随心所欲吗？"

"是啊，"欧吉尔微笑着，"把自由度交给想象力更丰富的人类，这才是 API 的职责。所以我没有什么怨言，我很乐意把未来交给小沃。"

"那你为什么选择离开呢？"图小灵觉得自己的心头有些发堵，"你就这样一走了之，未来就没有人记得你了，不是吗？而且小沃也不希望你就这样一走了之吧，他也需要有人支持，他也需要哥哥的。"

"哈，哥哥——这不是人类才有的亲戚概念吗？"欧吉尔不自然地笑着，"我们之间应该不需要这么麻烦的情感联结吧。况且，我既然决定隐退，反正也是无事一身轻，出去旅游探险，看一看没见过的景色。小沃也不用害怕老家伙总是在他耳边指手画脚，可以放开束缚去做自己想做的事——这样我觉得挺好。"

"才不是吧！"图小灵有些气恼地喊了出来，"如果我的家人，我的朋友，突然就一声不响地离开。就算他只是出去旅游，就算我知道他一切安好，我也不会快乐啊！而且那个擅自出走的家伙，他真的会快乐吗？他就没有任何故事想要和曾经的好友分享吗？他就不想回来看一看以前朝夕相处的伙伴吗？人和人也好，机器和机器也好，接口和接口也好，相互之间的纽带永远都不应该是这么生硬地连接、分离，最后一刀两断的。感情这种东西，在任何时间、任何地点，都是不可忽视的啊。"

欧吉尔愣住了，他没想到一个从现实世界来的小学生会如此坚定而激动地斥责自己，他一时间找不到任何的词语反驳，他甚至找不到一个合适的表情去假装毫不在乎。于是他只能沉默，长时间的沉默，一时间屋内的空气凝结了，只有轻微的呼吸声在他耳边簌簌作响。

"也许，你说的方案也不是不可行吧——"过了不知道多久，欧吉尔才缓缓地说，"回去看看，没准也不错。"

"嗯。"图小灵没有说更多的话，但是他觉得自己的内心此刻轻松了许多。

"小沃在很多地方都比我强得多，不过渲染的基本原理，我们还是一致的。"欧吉尔尝试着找一个新的话题化解眼前的气氛，"比如，光栅化这件事。"

"光栅化？"

"看来有一件事你还不太了解呢，一件非常简单的事。"欧吉尔恢复了活力，"仔细想一想，你的模型明明是存在于三维空间的，对吧？那你是如何进入帧缓存当中，成为一个个的像素点的呢？"

"这个——"图小灵的好奇心也被激发出来，"我记得是要通过一台特殊的机器，把我送进屏幕缓存里。"

"机器归机器，"欧吉尔不屑地说道，"关键在于，这台机器做了什么事情？"

"不知道啊。"图小灵有些不好意思地摇了摇头。

"我觉得啊，以你现在的知识水平，不会毫无线索的。"欧吉尔白了图小灵一眼，"就当作是你刚才冲着我大吼一通的补偿，你来思考一下光栅化的真实含义吧。"

图小灵努力强迫自己从刚才的兴奋状态中冷静下来，他知道自己需要思考，他的头脑中飞速地回顾着之前学到的各种名词和知识。那些似乎互相毫不相关的名词，此刻就像是被施展了魔法，在他的脑海里游动，相遇，相识，然后连接……从顶点连接成三角形，三角形连接成纹理，纹理连接了 UV 和法线，法线连接了光照和阴影。光照连接了材质，材质连接了手心的粗糙感和金属感；阴影连接了沉重的身躯，而沉重的身躯连接着摄像机的概念和"裁减"优化的策略。这一切渐渐地组成了一张巨大而严密的网，而网的末端，还存在着一块鲜明的缺失。图小灵知道，此刻缺失的这个部分，就是欧吉尔口中的光栅化。

"摄像机坐标系，并不是终点吧？"图小灵试探性地问道。

"大胆说出你的想法吧。"欧吉尔鼓励道。

"摄像机是用来观察和漫游世界的。而世界透过镜头，最终被投影到底片上。我还记得，这个底片是一个方形的小塑料片——"

"没错，所以你想到了什么？"欧吉尔的声音里充满了期待。

"所以我想，这个底片丢了，摄像机肯定就变成废品了。"

"啊？"

"嘿嘿，我开个玩笑而已。"图小灵有些不好意思地眨眨眼，"我想说的是，这个底片其实就是屏幕吧？摄像机是不是有什么功能，可以把它视野里的画面直接变成屏幕像素呢？"

"嗯——算你说对了一半吧。"欧吉尔琢磨了一下说道，"不过，已经很了不起了。简单来说吧，从世界到摄像机的镜头里，这一步其实完成了世界坐标系到摄像机坐标系的变换过程；接下来，是要从摄像机镜头中变换到你说的那张小小的底片上——这一步完成之后，整个世界都会变换到一个新的坐标系统下，我们称之为投影坐标系，或者用一个比较拗口的专业名词来说，就是规格化设备坐标系。"

"这个什么规格化坐标系，有什么特别的地方吗？"图小灵问道。

"当然有，简单来说，它是一个方盒子。"

"方盒子？"

"没错，想象一下，把摄像机视野的世界全部浓缩到一个方盒子里。方盒子的中心点是原点，然后每条边的长度都相同，这样会发生什么事呢？"欧吉尔一边说，一边在满是尘土的桌子上画了一个简单的示意图。

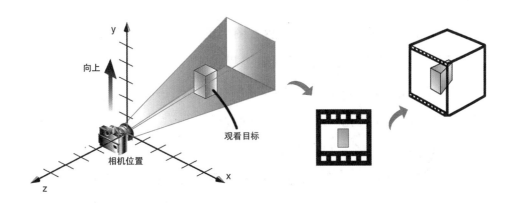

"把原本是梯形或者棱台形状的视野，浓缩到一个方盒子里？"图小灵努力想象着，"感觉整个世界都会被挤压变形啊。"

欧吉尔赞许道："没错，确实被挤压变形了。但是因此也多了一个好处，就是一切都变得容易计算了——这个方盒子的 X 轴和 Y 轴与底片对齐，而 Z 轴的数值就转换成了我们之前说过的另一个帧缓存中的重要概念，深度。"

"原来如此，所以整个世界就全部都映射到底片上了，而底片就对应了屏幕。所以就相当于把三维的世界映射到了二维的屏幕中了。"

"嗯，确实如此。"欧吉尔欣慰地点头道。

"那么，你为什么说我只对了一半呢？"图小灵有些不解，"刚才的过程，不就是你所说的光栅化吗？"

"并没有那么简单，因为无论进行多少次坐标系的变换，无论变形到什么程度，你还依然是存在于三维空间里的，你是由顶点和三角形组成的，这个事实依然不变。"

"嗯，这个我明白。然后呢？"图小灵继续发问。

"而光栅化，就是突破这层障壁，进入像素世界的关键了。"欧吉尔面色严肃地回答。

融会贯通

"所以，到底什么是光栅化呢？"图小灵还是感觉一头雾水，"难道它不是把三维场景转换到二维底片的意思吗？"

"这个说法不够准确。"欧吉尔耐心地解释，"所谓光栅化，指的是把三维的几何图元转化到二维像素点的过程。"

"这两句话有什么区别吗？"

欧吉尔快速地在桌子上用手比画着，不一会儿就画出了横竖各十几条线，组成了一个不大不小的棋盘格形状。他接着说道："光栅化这个词，其实源于以前人们学习绘画艺术的一种方法。就像这个棋盘一样，先在纸上划分出很多格子；然后试着制作一个格子数量相同的木头装置，把它立在自己的面前……之后就是写生的阶段了，在立着的棋盘格中找到一个空位，用眼睛观察格子里呈现出的景物颜色，然后涂到桌子上对应的格子里；再观察和涂绘下一个格子，以此类推，最终完成这幅画的创作。"

图小灵想了想，感觉这样似乎蛮简单的，只是不知道完成的画作质量如何。

欧吉尔接着说道："如果格子数量比较稀疏，画家又坚持只能在格子中涂上某个 RGB 颜色，那么结果就是一幅比较朦胧和虚化的图。如果格子的数量非常密集，达到了现在这些电脑和 VR 头盔屏幕分辨率的程度——"

"那就是一幅非常清晰的画作了吧？"图小灵渐渐兴奋起来，"就像是我在 VR 头盔里看到的那艘天空船一样。"

"嗯，找格子的过程就叫作光栅化。这些格子也就是你所说的像素，不过它们也可以有另一个名字，叫作'片元'。"

"而格子里存储的信息不只是涂上去的颜色，还有深度。所以我们连续绘制两个重叠的物体的话，就可以根据两次深度值比较的结果，给格子设置新的颜色值，或者保留旧的颜色值。"

"是的，给格子涂色的步骤，可以称之为'片元着色'或者'像素着色'，而比较深度的过程，就叫作深度测试了。"

图小灵觉得眼前的道路豁然开朗，似乎之前学习过的各种知识都已经渐渐结合到一起。现在的自己，也许可以完整地阐述实时渲染的整个流程了吧？到时候，爸爸妈妈，班里的老师和同学们，会不会都惊讶于他那广博的知识呢？

不管怎么说，现在的小灵，还真是想找个机会，好好地表现一下了。

欧吉尔再次看出图小灵跃跃欲试的样子，他瞥了一眼窗外，平静地说："风开始变小了，所以，我们是时候返回地面了。就按照你刚才建议的那样，我们回到'渲染工厂'去见一见老朋友吧。"

"嗯！"图小灵使劲儿地点头，他的内心期待着。期待与小沃和 X 博士的重逢，期待自己能有表现一番的机会，期待欧吉尔能和老朋友和解，期待着早日回家，和家人好好分享这段奇妙的灵境旅程。

"风暴之眼"的核心呼呼作响，它依旧像一只火龙一样盘踞在图小灵和欧吉尔的头顶。不过图小灵已经不像先前那样恐惧了，只是漫天遍野的沙暴还是让他心有余悸。谁能想象在这显卡世界里，居然还有环境这么恶劣的地方；而如此隐秘之地，居然还有一个资历悠久的图形接口居住呢？

按照欧吉尔的指导，图小灵学着鹰的样子，从山顶滑翔而下。云雾烟尘在他的身边飞速地升腾，身后的猎猎风声与脚下肃穆的"造型之谷"交相辉映，互相矛盾而又融为一体。那些正在谷中忙碌的小 GPU 们也许是生平第一次看到天空有人飞落。他们原本空无一物的脸上扭曲成了一团，再结合各自手忙脚乱和跌跌撞撞的样子，生动地诠释了它们此刻内心的慌乱与畏惧。

图小灵感觉有些好笑，因为有的小 GPU 们在看清落地者的面孔之后，居然不由自主地跪了下来，不停做出作揖的动作。这大概就是书上讲的，"独居海岛的原始部落第一次见到现代化的飞机飞过时，误认为是天上的神灵，然后建立图腾加以膜拜"的故事吧。然后他和欧吉尔就被 GPU 们层层叠叠地包围了，它们激动地高呼着"万岁""大哥回来了"还有其他各种听不懂的语言，簇拥着两人一起走进了"渲染工厂"。

原本庄严肃穆的白色工厂，瞬间也被热情点燃。X 博士和小沃急匆匆地跑到前面，他们同样刚刚亲眼目睹了从天而降，风尘仆仆的图小灵与欧吉尔两人。脸上写满了不可置信的表情。半晌，一向自诩为见多识广的 X 博士才木然开口问，"你们，是从哪里回来的？"

"从'光之山丘'的山顶上，学成归来了。"图小灵有些得意地回答。

"山顶？那座山居然有山顶啊？我可从来都不知道这回事……"小沃张大了嘴巴说道。

"还有这个家伙——你回来做什么？"X博士再次面对欧吉尔，言语上还是带着一点明显的敌意。

"啊，你是怀疑我是来捣乱的吗？"欧吉尔见到老相识，也不由得火起。

X博士根本不看身旁小沃哀求的神情，毫不留情地反击："毕竟你已经是一个有前科的家伙了，怀疑你也很正常吧。"

欧吉尔正要发作，却被图小灵伸手拦了一下。只见图小灵自信地站在众人的中心，大声说道，"欧吉尔是我的师父，小沃和X博士也是。我从你们身上学到了太多有关计算机图形学，有关实时渲染的知识。这次回来，我是向大家来汇报的——汇报我对显卡世界，对图形世界的认识。"

全场寂静无声，大家你看看我，我看看你，一时间不知道该说些什么。

"好样的！"远处的一个声音打破了平静，似乎是1024号GPU。

"小灵加油！"另一个声音，大概是3192号。

"讲吧，快讲吧。"这次是2048号。

叽叽喳喳的声音开始变得此起彼伏，有赞扬的、有惊讶的、有鼓励的、有疑惑的、有起哄的、有看热闹的、有装深沉的……不过无论如何，这些声音的焦点，全场的中心，此刻就是图小灵。熟悉的朋友们、新结识的朋友们、尚未相识的朋友们，此刻都将目光齐刷刷地对准了这个来自异世界的孩子。大家都想听一听，他对这个世界有什么见解。

图小灵努力驱散心中的紧张情绪，清了清嗓子，开始汇报："我来自地球，我是一名小学生。在以前，我玩电脑游戏时看到画面，只觉得很酷很好看，除此之外，我对画面背后的原理一无所知。"

"有一次，我接触了 VR 头盔，里面的画面很逼真，让我觉得身临其境。突然，我不知道触动了什么开关，就进入了显卡的世界。幸运的是，我遇到了你们这些 GPU 和 API。"

"为了构建我的身体，我学习了坐标系的重要性。在合适的坐标系下，我可以用足够多的三维顶点来描述任何一个三维物体。然后，用三角形把每三个顶点连接起来，构成三维模型。任何一个复杂和光滑的物体表面，都可以用很多个三角形'近似'地表达它们。"

"有了模型之后，下一步就是将各种图案和花纹贴在模型身上，形成纹理。贴图案的过程中需要使用到 UV 坐标，它是一种二维的坐标点。这个过程叫作纹理映射。"

"有了模型的形状和纹理，下一步就要添加光照。光源可能是太阳光，也可能是路灯或者灯泡一样的人造光源。光投射到模型上，因为法线的影响，会反射到另一个方向，也就是镜面反射；或者均匀照亮表面，也就是漫反射。当然还有光线跟踪的方法，但是它对于实时渲染来说不是完全合适的。"

"为了让模型显得更加真实，我们还可以使用 PBR 的技术，给模型表面添加粗糙度和金属度；并且阴影是体现真实感的最佳方法，在实时渲染中，经常使用阴影图的方式来计算阴影。"

"但是，过多的渲染效果会让程序变得沉重。所以需要考虑以摄像机坐标系为核心，'裁减'掉摄像机视野范围之外的物体，或者将距离很远的物体设置多个 LOD 层次，最远处只显示粗糙的层次，离近了再显示更细节的内容。减少了当前帧要绘制的对象的数量和复杂度，自然也就减轻了程序的压力，让它能够渲染出更好的效果。"

"最后，渲染的结果被投影到摄像机的底片，再经过光栅化，以及深度测试和片元着色的过程，输出到屏幕缓存里。此时三维的模型已经变成了二维的像素点，而这些像素点，就是我透过屏幕或者 VR 头盔看到的画面了。"

"以上，就是我总结的实时渲染全过程。这里面少不了 GPU 们的努力。谢谢你们！我不会忘记你们的！"

讲到最后，掌声已经响彻整个工厂。图小灵一边说，一边偷偷观察小沃、X 博士和欧吉尔的表情，他发现小沃的眼角已经泛起了激动的泪光，X 博士则主动拍着手，一副心服口服的模样。

至于欧吉尔，他虽然只是抱着双臂站着一语不发，不过能够看出来，他正享受此刻的喜悦，这是来自他和图小灵共同创造的一个个故事中的喜悦。

9

辉煌
之路

未知的后果

"既然万事俱备了，图小灵，"欢喜过后，X 博士提出了自己的建议，"我觉得是时候送你离开了。"

"是啊，虽然很不希望这一刻到来，不过你也应该回家了。"小沃有些不舍地说。

图小灵点点头说："我明白，所以我接下来该怎么做呢？"

小沃歪着脑袋想了想："按照我们之前的计划，那就还是把你送回屏幕缓存，但是之后如何穿过'虚实之隙'，我们一无所知。不过你现在已经是一个了不起的计算机图形学专家了，相信你可以靠自己解决后面的难题。"

"我想也是。"图小灵满怀信心地回答。

"那大家做好准备！"X 博士挥了挥手，让 GPU 们各就各位。他随后疑惑地朝着欧吉尔的方向看了一眼，忍不住问道："喂，你就不打算说两句吗？"

欧吉尔默不作声，似乎还在思考着什么。

"喂，都这个时候了，不跟你的好徒弟告别吗？你这个人怎么什么时候都装深沉啊。"X 博士又有些不满了。

欧吉尔做了一个稍等的手势，他似乎正在认真地琢磨着什么难题。

"哼，不理这个家伙了，图小灵，你一会儿就躺在这台机器上，它会送你进入光栅化的轨道——"

"对！问题就在这里哇——"欧吉尔突然发出了刺耳的怪声。

大家都被这个声音吓了一大跳，纷纷转过身去看着一脸阴沉的欧吉尔，不知所以然。

"你到底在捣什么鬼？你不想让图小灵离开这里吗？"X博士的脸涨得通红，感觉就快要发作了。

"大哥，图小灵毕竟不是这里的一分子，就算你不想分开——"小沃也张口想要劝阻。

欧吉尔使劲儿地跺了几下地面，提醒大家安静听自己说话："挽留这个小子？我可没那么矫情。我的意思是，为什么你们都认为通过光栅化的渠道离开是正确的？"

"你这话什么意思，你知道正确的离开方法吗？"X博士立即反驳，"真要是这样的话，岂不是坐实了'图小灵就是因为你捣乱才进来'的这个假设吗？"

"别急啊，这不算什么事儿吧。"欧吉尔毫不留情地反击，"我确实

没本事把小灵从现实世界拉进来，也不知道他能来到这里究竟是因为什么力量。但是至少，我比你会思考啊。"

"你——"X博士怒火中烧又汗流浃背的样子，让图小灵看着是既替他着急，又有点想笑。看来这两个人果然是多年的老朋友了，互相知根知底，对骂起来也是毫不留情。

"你们不要吵了，大哥，你有什么想法就说吧。"小沃及时出来打圆场。

"是啊，X博士那么的博学，欧吉尔是个超级冒险家。你们两人联手，一定能有好办法的。"图小灵也不失时机地奉承了几句，现场的气氛顿时缓和了。

欧吉尔平和地说："言归正传，小沃，你想从光栅化通道送走图小灵的原因是什么？"

小沃认真地回答："首先，是我在屏幕缓存里发现了图小灵，那个时候他已经被像素化了，是我把他拉了回来。"

图小灵点点头，这确实是小沃的功劳，不然自己可能真的要被困在那个莫名的二维空间里，生不如死。

小沃接着说道："其次，图小灵的身体在"渲染工厂"里发生了异变，逐渐消失。是X博士启动了低功耗模式才止住了异变。我想，这应该是系统把来自现实世界的图小灵认作有问题的数据，想要强制清除吧，幸好X博士反应快。"

图小灵再次向着X博士点头表示感激，博士则"哼"了一声仰起脑袋，仿佛那是天大的功绩。

"最后，小灵说过他是在使用VR头盔的时候被传输过来的。VR头盔本身也是一种显示设备，而小灵所使用的这款头盔应该是通过视频线连接到计算机上的。这样的话，我觉得通过视频线，应该可以把他传输回去。"小沃的分析丝丝入扣，在场的众人都听得津津有味，不住地点头称赞。

　　"所以我想，"小沃给出了自己的结论，"无论小灵在现实世界中应该是什么样的，至少在计算机里，他还是被认作是某种内存数据的——所以我们把他重新渲染成接近现实的模样，再输入屏幕缓存，最后通过'虚实之隙'传递回去。如果屏幕上确实存在什么空间可以连接到现实世界，那么图小灵应该能找到，然后自己回去吧？"

　　"看见没有，这才叫思考的结果。"X博士撇撇嘴，瞅着欧吉尔冷笑道，"你有什么别的高见吗？"

　　欧吉尔笑了笑，冲着小沃的方向竖起了拇指，小沃有点不好意思地低下了头。

　　"说的很好，不愧是我的接班人。不过——"欧吉尔话锋一转，"你忽略了一件事情。"

　　"什么事？"大家一起好奇地问道。

　　"屏幕是一种终端设备，它能自主产生数据，然后通过视频线传递出去吗？"欧吉尔冷淡而坚决地问道。

　　"这个……好像没有听说过。"X博士勉强而迟疑地回答。

　　"屏幕里面又没有微型计算机运行，它不能生产数据，也不能解析视频通信的协议，所以它是如何把小灵这么一大坨数据传递过来的？"

欧吉尔继续追问。

在场的所有人都哑口无言了，这个问题确实直击之前那个宏伟计划的要害——如果图小灵不是从屏幕穿越过来的，那么把他传递到屏幕去，很可能是一次危险而且有去无回的行动。如果不是欧吉尔及时指出来，那么现在小灵可能已经被关到 VR 头盔的显示屏上，陷入上天无路，入地无门的绝境了。

"这——"图小灵也感觉有些紧张和后怕，"难道我们一直以来的做法，都是错的吗？可是，可是那样的话，我回家的希望岂不是……"

"你别着急嘛。相比你之前经历过的，这其实也不算是特大的事儿。"欧吉尔笑着安慰图小灵，"至于 X 博士利用低功耗模式来制止异变嘛，嘿嘿，其实就算当时什么都不做，异变也不会继续的，这一点我确实心里有数。"

"你，你这个可恶的……"

"这件事我稍后再说明，"欧吉尔挥手制止了正要发作的 X 博士，"关键在于，图小灵，他到底是从哪里进来的呢？"

欧吉尔期待的目光巧妙地略过了愤怒的 X 博士，精确地落在了咬着嘴唇的小沃身上。

"你要不要再整理一下自己的思路，我的接班人？"

"大哥，请你不要……"小沃有些着急，"我，我不是什么接班人。但是我一定会想出办法的。"

"你这个家伙，葫芦里到底卖的什么药？"X 博士又急又气，"你要是知道就直说。这么藏着掖着根本不是你的风格啊。"

"哈哈，这么长时间没见面了，你就让我也放肆一下呗。"欧吉尔挑逗地看着 X 博士，气得后者使劲儿地喘着粗气。

小沃还在冥思苦想。图小灵见状，也开动脑筋，想要助他一臂之力。

"屏幕缓存，是一个很保密的地方吗？"图小灵小心翼翼地问。

"你的意思是?"小沃有些踌躇地反问。

"我的意思是,除了'渲染工厂'之外,还有别的能访问那里的地方吗?换句话说,我会不会是从其他地方落到屏幕缓存中的?"

"其他地方?"小沃似乎瞬间被打开了思路,"对啊,除了这里之外,还有一个地方可以随时访问屏幕缓存的。"

"哪个地方?"X博士急忙问道。

"总线!"

"总线是什么?"图小灵又听到了一个新名词。

"简单来说,总线就是计算机内部的一条公共通信的主干道。"小沃解释道,"从CPU发送的指令,从内存提取的数据,还有其他输入设备的信息,都是通过总线传递的。程序员需要调用显卡里的资源,或者把自己准备好的数据传递到显卡时,也都是通过总线完成的,我们这边有什么状况的话,也会通过总线传递出去。"

"所以,总线可以访问屏幕缓存吗?"

"原则上,帧缓存数据应该只有显卡内部可以管理。"小沃一边思索一边回答,"但是也存在着特殊的方法,可以把显卡GPU端的缓存直接映射到计算机 CPU 端，然后直接在缓存内部进行绘制！天哪，我之前居然忘了还有这种方法，果然没有人比我更了解——"

小沃的口号喊到一半，看了一眼自己的哥哥以及脸色阴沉的 X 博士，不由得憋了回去。

"所以，我其实是从 CPU 那边，经过总线进来，无意中落在了帧缓存里？"图小灵有些吃惊地问。

"目前看来，这应该是概率最高的一种可能性了。VR 头盔和计算机的连接线，其实有两根：一是视频线，负责传递视频信号到 VR 头盔；二是数据线，负责在头盔和计算机之间双向传递各种交互数据——小灵，你很可能是从数据线被传递进来的，我的接班人果然分析得不错。"欧吉尔满意地回答道。

"不是，大哥……求你别说了。"小沃着急地反驳。

图小灵也恍然大悟，虽然印象不是很深，但是当时自己拿出 VR 头盔，又把它连接到电脑的时候，确实看到了两根缠在一起的线缆。只是当时无论如何也想不到，自己居然会从其中一根线缆直接进入显卡世界。

"虽然概率最高，但是我也不能保证你一定是从总线传输来的。"欧吉尔接着说道，"我们还是亲自去看一看比较好。"

久未说话的 X 博士突然跳起来大吼："去看看？哇咔咔——你开什么玩笑！"

即刻启程

X 博士的暴跳如雷，又把在场的众人吓了一跳。只有欧吉尔还是不紧不慢的，有些戏谑地望着自己的老朋友。

"怎么啦，X 博士，小心不要闪着腰了。你有什么高见吗？"

"不用你关心，"X 博士没好气地回答，"你知道自己刚才说了什么吗？去看一看？你也不想想那里是什么地方。"

"什么地方？"图小灵有些紧张地转身问小沃。

小沃苦笑着摇了摇头："我们毕竟是显卡里的图形接口。按理说，一辈子都不可能去那个地方的。"

"你亲爱的欧吉尔大哥说的地方，叫作'辉煌之路'。"X博士沉着脸补充道，"那里是总线传输数据的集散地。在显卡诞生的早期，我们作为图形接口，确实也参与过一些总线那边的工作，但是如今那里已经完全自动化了。来自CPU端的数据会自动分发过来，我们要传出去的信息，也是直接放在传输机上就好。说实话，我有差不多十多年没有去过那个地方了，小沃更是压根没有机会去。"

"原来如此，我还以为有什么妖怪呢，"图小灵松了一口气，"既然这样，那就当作是一次旅行，过去看看不好吗？"

"这……"小沃的声音里有些胆怯，"这样真的好吗？"

"你不想去吗？"图小灵问。

"也不是，但是，我，我做好自己的本职工作不就好了吗？"小沃的回答有些前言不搭后语。

"你也看到了，"X博士叹了一口气，"我们是图形接口，我们的任务是认真完成渲染相关的工作，除此之外，并不关心外面的世界会发生什么。事实上，祖传的经验告诉我们，只要远离了'光之山丘'的范围，都充斥着未知的危险。正因如此，我也好，小沃也好，都选择待在'渲染工厂'里，毕竟这里才是最安全的。在这里认真工作，也是我们唯一能够体现自身价值的地方。"

图小灵有些诧异地看着低头不语的小沃和气喘吁吁的 X 博士，又转头看了看欧吉尔。X 博士似乎看出了图小灵的心思，马上开口补充道，"所以我为什么对欧吉尔这个老家伙不满，也是因为他自暴自弃，自从小沃来了之后，他就声称要云游四海，从我们面前消失了。依我看，他只是很幸运地活下来了而已，然而他浪费的时间却再也不会回来了。现在呢，这个家伙先是捣鬼让图小灵看起来像要消失，然后在'造型之谷'引发光照危机，忽悠无知的小灵跟着他到处冒险……现在又说要拉着大家一起去'辉煌之路'？哼，想都不要想。"

欧吉尔想要开口反驳，却被图小灵伸手拦住了。他面向 X 博士和小沃，认真地说："X 博士、小沃，你们见过大海吗？"

两个人有些木然地摇了摇头。

"那乘风在空中滑翔呢？"

小沃禁不住打了一个寒战，这似乎是他想都不敢想的事情。

"飞向'风暴之眼'，和它近距离接触，听听狂暴的风声，然后借着风势落到'光之山丘'的山顶，你们知道那里有什么景色吗？"

"地狱啊——"X 博士低吟了一声，他那胖胖的身躯似乎在微微颤抖。

"那里是个巨大的垃圾堆，但是只有垃圾才能减缓我们飞行的速度，帮助我们安全落地。"图小灵补充道，"真的超级脏，但是，也超级有趣。头顶有红色的火龙炫舞，眼前有灰黑色的烟尘翻滚，四处都是耀眼的闪电伴随着炸雷，漫天的黄沙蔽日，脚下是万丈的峭壁悬崖。这是一个全然不同的世界，然而它和这座安静而洁白的工厂，只隔了一层浓厚昏黄的云雾而已。"

在场的所有人都在尽情想象着，但是除了图小灵和欧吉尔，没有人能想到那是怎样的一番奇景。

　　"你们一定想不到那是什么样的吧？其实之前的我，也无法想象。"图小灵开心地笑了起来，"我也曾经以为，在班里考了第一名，或者能玩到同学们都羡慕的游戏，这些都是最了不起的成就。但是和在这个世界的经历相比，和这个世界的广袤与神秘相比，它们其实都不值一提。"

　　每个人都沉默不语，似乎各有心事。

　　"我在这里学到了很多东西，我在这里也看到了很多奇景。也许这些对我未来的学习而言，毫无用处；但是这些都是重要的阅历，是宝贵的回忆，是勇气和友谊的证明。它们是埋藏在我内心深处的宝藏，每次挖掘出一点，就会给生活增添一抹色彩。这一抹色彩，绝不是没有价值的，也绝不是毫无用处的。"

　　小沃认真地听着，过了不知道多长时间，他慢慢地举起了手。一开始，手指还颤巍巍的，蜷缩在掌心里。但是就如同花苞努力地绽放一样，第一根手指挺直了、第二根、第三根……终于，全部手指都竖起来了。同时，坚毅的目光也出现在那张还未经历太多风霜的脸上。

　　"我要去！"小沃一字一顿地说，"我要去'辉煌之路'。"

　　X博士愣了一下，随后也释然了。他似乎既无奈又有点开心。

"你们啊，真不让人省心。"X博士的声音中带有一些认可，也带有淡淡的期盼。

欧吉尔莞尔一笑，"一群人纠结个什么劲哪，这都算什么事儿？要走快走！"

"辉煌之路"在"坠落之海"的另一边，要到达那里，需要穿过神秘莫测的"幻之森林"，再沿着海岸前进。之前风暴的余威尚存，海面翻滚，波浪肆意地拍打着海岸。一行人一边躲着风浪，一边缓缓地前行。欧吉尔走在最前面，跟大家讲着旅行多年的见闻，小沃和GPU们听得如痴如醉。在这次离开"渲染工厂"之前，他们还从未想过，显卡里的世界，居然是如此的辽阔和包罗万象。

沿着海岸行进到一半，路面陆陆续续地出现了很多崭新的村落。小沃和X博士都有些惊讶地看着这些新建成的村子，以及来来往往和欧吉尔友善地打着招呼的村民。他们长得也是GPU小人的模样，但是从来没有在"渲染工厂"里登记过，这让自诩严谨和博学的X博士也有些挂不住面子了。

"欧——老兄，这些人是哪里来的？"X博士谨慎地问道。

"这些啊，是负责通用计算的GPU们。他们不参与渲染相关的工作，所以你不认识也是正常的。"

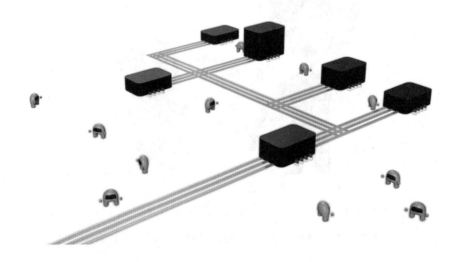

X博士不甘心地"哦"了一声，图小灵则好奇地问："什么是通用计算呢？"

欧吉尔沐浴着海边的微风，懒洋洋地回答："现代计算机的显卡，并不是纯粹当作显示图像的设备来用啦。因为GPU核的工作效率很高，所以程序员们也想到用它们来做一些纯粹的科学计算的任务，而不是只用来进行图形渲染——这样就衍生出了'通用计算'这个学科，慢慢也就演变出来这些新生的村落。负责它们的接口，当然就另有其人了。"

"这个，那我们应该找时间去打个招呼才对啊。不然实在是太失礼了。"小沃有些歉疚地说。

"那你可得记得啊，我倒是打过招呼了。这些按理说都不是事儿，不过未来还得你俩多出面才行。"欧吉尔满不在乎地回答道。

村落渐渐消失在众人身后，眼前开始出现了整齐的防波堤。海水被坚实的堤坝阻隔，变得温顺而平缓。远离了"风暴之眼"的威胁，天气也变得晴朗。图小灵得以第一次仰望显卡世界里真正的天空，出乎意料的是，这里没有红日高挂，没有白云悠悠，也没有亮蓝的远景。真正的天空是静谧的黑，黑夜里缀着星星点点，比地球上的星星大了很多，也

亮了很多。它们活像是一个个小号的月亮，悬挂在四面八方，把大地照得明亮无比。在更远更远处的天边，似乎还有群山起伏与狂风呼啸，那里会是计算机中的另一个世界吗？那会是宇宙里的另一颗星球吗？图小灵几乎难以抑制想要去探索的冲动。

"真美啊！"耳边传来小沃的声音，"这就是我们所处的世界吗？"

"是啊，比起封闭的房间或者'风暴之眼'中心盘旋的火龙，这景色是不是安详多了？"欧吉尔笑着问。

"那些远处的光是什么？是别的星球吗？它们会如同月亮绕着地球旋转一样，也围绕我们转动吗？那里有没有别的 GPU，或者其他奇异人物呢？如果和他们见面，我们该用哪种语言去交流呢？他们和我们一样都是 API 吗？"小沃连珠炮似的发问。

"我也不知道啊，X 博士你知道吗？"欧吉尔瞅了一眼身边连连摆手的 X 博士，笑容愈发灿烂了，"所以，这样才有趣，不是吗？如果一辈子都生活在一个已知的地方，做着一成不变的事情，也许会很成功，但是，也很无聊吧？"

"所以，这就是你决定离开我们的理由吗？"小沃突然停住了脚步，认真地问，"说出'让我来取代你'这样的话，然后一走了之，就是为了去未知的世界里冒险吗？"

欧吉尔站住了，他在思索如何回答这个直截了当的问题。在他身后不远处，X 博士也道出了自己的心声："你这个家伙，出走了这么久。说说看，你到底想干什么啊？"

另一个穿越者

欧吉尔收起了他习惯性的笑容，冷静地面对着眼前的众人。他看出了小沃的焦急和委屈，他也看出了 X 博士的不满和怨愤。但是他并没有首先回答这两个朋友的问题，转向了图小灵的方向，深深地鞠了一躬。

"到了这里，我不得不向你道歉了，图小灵。"欧吉尔严肃地说，"我并不知道为什么你会来到这里。但是我确实从一开始就做了手脚：让你看起来似乎要马上消失，然后想办法在'造型之谷'制造混乱，再把你引到了'幻之森林'，还带着你四处游荡，吃了不少苦，受了不少罪。"

"这个，我不介意啊。"图小灵有些吃惊，不过他并不感到气愤。如果没有欧吉尔也就不会有后面的那些冒险奇遇，更不会亲眼见证他们三人间的恩怨。事实上，经过这段时间的相处，图小灵已经深深喜欢上了欧吉尔这个满脑子奇思妙想的冒险家。

"而且，你没办法从实时渲染的路径回到现实，这个事情我也是知道的。不过我并没有阻止你去构建真实感的自己。因为，我觉得那个过程中能看到你的成长。而成长，其实是最让人快乐的事情。"

图小灵有些无奈地笑了笑，其实他也有点忘记自己学习和实践真实感渲染的初衷了。如果说一开始是为了能够完好无损的回家，那么后来，也许只是为了满足探索和追求真实的欲望。不得不说，在这个过程中，学习的快乐与成就感超越了自己原本的目标，也超越了那个原本的自我。

"我做的这一切，其实都是为了完成一个承诺。"

"完成什么承诺？"图小灵有些诧异地问道。

"那是几十年前，我与另一位穿越者之间的一个郑重的承诺。"欧吉尔开始缓慢地陈述，像是在追忆一件无比久远的故事。

那个时候，显卡设备刚刚诞生不久。OpenGL——也就是欧吉尔——是当时唯一的图形接口 API。早期的显卡资源有限，GPU 们也还没有诞生；能做的事情不多，而且都需要图形接口亲力亲为，工作很繁重。欧吉尔每天累得晕头转向，偶尔没事的时候，他除了抱怨，就是孤独地坐在简陋的"渲染工厂"里发呆，一遍又一遍地计算着漫长的日子。

但是有一天，意外发生了。一个像图小灵一样的穿越者，来到了欧吉尔的面前。那是一个头发有些灰白，但是神采奕奕的中年人。虽然他是无意中被传送到显卡里，但却毫不惊讶也不恐惧，反而兴奋得像孩子一样，问这问那，让欧吉尔应接不暇。

"出了这么大的事儿，你就一点都不害怕？"欧吉尔不客气地质问，"你就不想赶紧回家？"

"哎呀，紧张个啥，这算什么事儿？"中年人哈哈大笑着，"快，带我游览一下这里，你这儿应该不至于只有这么一个空荡荡的工厂吧？"

"外面有啥，我也不知道，而且我也没空。"欧吉尔没好气地回应，"没准藏着什么妖怪，专门吃那些问题太多的人吧。"

"那就更要去看看了，"中年人洒脱的态度让欧吉尔吃惊，"我还从未体验过被别的东西吃掉的感觉呢。"

于是，一个不情不愿，一个热情洋溢，两个性格迥异的人结伴出发了。他们面对的是从未踏足过的未知领域：空无人烟的幽深谷底、高耸入云的金属山脉、迷雾重重的妖怪森林、一望无际的深邃大海……这一切都让初出茅庐的欧吉尔感到惊惧。他不止一次地发出"咱们还是快点回去"的请求，但是中年人却毫不在乎。

中年人大胆地尝试攀爬那些笔直陡峭的悬崖，然后哈哈大笑地重重摔到灰尘堆里。他抚摸眼前带着"劈里啪啦"刺响的奇怪线圈树，被吸起来后，只能哈哈大笑地呼叫欧吉尔帮助；他试着大口吮吸海水，然后跪在岸边上呕吐后哈哈大笑；他甚至想要借着风势一举飞上阴云漫卷的天空，但是刚升起了一点就突然坠落，浮在海面哈哈大笑地求救……欧吉尔觉得这个家伙肯定是疯了，不然他为什么要处处寻死？可又为什么哈哈大笑？于是，在不知道多少次陪着中年人胡闹之后，疲惫的欧吉尔终于爆发了，他愤怒地吼道："你到底是来干嘛的，你是想折磨自己还是折磨我？你就没有什么正事可做吗？"

中年人看着欧吉尔，看得他全身发毛，这才笑着问："正事？正事是什么呢？"

"我怎么知道你的正事是什么？我的正事是图形渲染啊！我那么忙却偏偏耽误在这些鬼地方。"欧吉尔埋怨着。

"我的正事好像也是图形渲染呢，"中年人笑道，"但是啊，我的能力不太够，熬了很久很久，却还是只能渲染出很简单的模型来。形状啊、光照啊，都达不到我理想的样子。"

"显卡只能做到固定流水线的渲染流程，你就忍一忍吧，反正差不多能看不就行了吗?"欧吉尔不屑地回答。

"固定流水线?"

"这个你都不懂吗?"欧吉尔不耐烦地说，"你必须按照我这个接口的要求，传输每个顶点，再传输每个三角形，再设置 UV 和法线。光照只能用 Blinn-Phong，贴图也不能太大，不然吃不消。总之严格按照要求去做，就可以生产出差不多的渲染结果——这就是固定流水线。"

"这样啊，可是有些东西我特别想自己调整怎么办?"中年人故作惊讶地说，"比如光照，我其实有一个全新的方案呢，虽然做不到光线跟踪，但是至少能计算间接光……"

"开玩笑，这怎么可能啊!"欧吉尔粗暴地打断中年人，"除非是可编程流水线的设计，让你能自由控制顶点、图元，还有像素着色这些工作，但是我可没有这个能力，你还是省省吧。"

"所以我才苦恼嘛，如果我们俩都更进一步，我能写出更好的光照算法，你能实现可编程的流水线，那样的话，目前的问题就都不是事儿啦! 我们得到的渲染结果肯定会比现在真实好几倍的!"

"哼，那是你自己的幻想吧，"欧吉尔嘲讽道，"显卡的资源有限，你又想要加一堆不切实际的东西，当然跑不动了。计算机的能力就那么多，我能提供的接口也就那么多，想把效果做到媲美现实，那就是天方夜谭了。"

"就这些吗?"中年人疑惑地问，"那'光之山丘''幻之森林''坠落之海'都怎么算呢?"

"'光之山丘'是什么玩意儿?"

"就是刚才那几座陡峭的岩壁啊，我觉得它们闪闪发亮，特别漂亮，所以就起了这么一个名字。'幻之森林'和'坠落之海'，也是我刚想到的名字，好听吗？"

"这……"欧吉尔气得面红耳赤，"你，你还有空给这些可怕的地方起名字？"

"名字不是事儿啊，"中年人笑道"关键是，你说计算机的能力就是那么多。很多地方你明明去都没去过，怎么能说就只有那么多呢？"

欧吉尔目瞪口呆地望着对方，不知道该说什么才好。

"不过这也不能怨你，"中年人用和蔼的语气说，"是我们这些程序员的责任。我们还没有挖掘出硬件设备的全部潜力，所以很多想做的事情不能做，想要实现的愿望没办法实现。说起来，还真是惭愧呢。"

欧吉尔感觉自己的情绪也逐渐缓和下来，他开始试着和中年人沟通："所以，你到底想实现什么愿望呢？"

"那可就多啦。"中年人找了个舒适的地方，躺了下来。欧吉尔也试着在旁边找了一处平地，迟疑地躺下，静静地倾听中年人的愿望。

那是一个长长的愿望单，包括了无数听上去天方夜谭的想法。要有基于物理的渲染效果，要实现最逼真的阴影，要让好看的东西闪闪发

亮，要能够模拟太阳、月亮、星星，还有跨越宇宙的彩虹桥，要有全自动化的神奇方法，孩子的创意只要一个按钮就可以实现，要创造出最神奇的眼镜，戴上它不仅能看到真实的世界，还能看到幻想与未来，要有最亮最亮的白色，也要有最深最深的黑，要有最虚实难辨的真实效果，也要有超越现实的幻觉体验……

"太扯了啊，太扯了——"欧吉尔念叨着，渐渐闭上眼睛。他做了一个从未有过的香甜的梦。在梦里，显卡世界的居民们人山人海，大家脸上都挂着笑容；在梦里，新的 API 就像是圣诞老人的礼物口袋，一切美好的愿望都可以一下变成现实。

梦醒了，中年人已然消失不见，欧吉尔不知道他去了哪里，是回到了现实？还是云游在这个虚幻的世界里？这个年轻 API 只是依稀记得，在自己进入梦乡之前，中年人提出了他此行最后的一个请求："当下一个穿越者到来时，能陪着他再游历一下这个世界吗？那绝对会是这辈子最棒的体验吧！"

最后的道别

"所以……"图小灵回味着刚才的故事，久久不能平静，"你是为了完成承诺，才带着我漫游这个世界的吗？"

"是的，算我任性也好，为了完成承诺也好。所以我得再次向你郑重道歉。"欧吉尔再次鞠躬说道。

"不，不是这样的。"图小灵说，"其实，就像是那个穿越者说的那样，我也觉得，这是我目前为止经历过的最棒的体验了。和这样的体验比起来，我之前遇到的那些困难，经历的那些挫折，都不叫事儿了。我甚至有些期待能再次挑战呢。"

"是吗？那我就放心了。"欧吉尔轻声说。

　　"辉煌之路"已近在咫尺了，众人停下脚步，望着面前一座座巨大的金黄色大桥，惊叹不已。

　　那几座金色的大桥矗立在海面上，桥身显得坚固而稳定。无数的货物正在桥面铺设的自动化轨道上飞驰，车水马龙的场面显得繁忙而又有条不紊。大桥很长，从众人的视野里根本就看不到大桥的另一端。据说，那里是被称作"主板"的神秘圣域，CPU就坐落在主板最中心处。而这些看似宏伟无双的"辉煌之路"，据说只是主板上的一小部分而已。

　　"真是前所未见的场景啊！"小沃感叹着。

　　"看来，之前是我浅薄了，"X博士有些不好意思地道歉道，"在'渲染工厂'之外，确实有广阔的天地和太多未知的事物了。就连这条'辉煌之路'，也比我曾经见到的总线不知道繁华了多少倍。看来，我也不能总是闭塞视听了。"

　　"小灵，你可以出发了。"欧吉尔说，"顺着总线，你应该能找到回家的路吧。至少，那里会有更多的人能帮助你。抱歉这次我不能再陪着你了，因为我在这里也有想做的事情呢。"

　　"嗯，嗯。"图小灵觉得有些伤感，不住地点头来掩饰内心的波澜，

"我们会再见面的，不是吗？"

"再见面啊，不知道我们应该恐慌还是应该期待呢！"X博士开起了善意的玩笑。GPU们也纷纷挥手，向图小灵告别。

"最后，和上一个穿越者一样。我也有一个请求。"图小灵像是突然想起了什么，朝着欧吉尔说。

"又是什么麻烦事啊？"欧吉尔扁了扁嘴。

"你可以和小沃，还有X博士，言归于好吗？"

"哈？"欧吉尔的脸色有些尴尬。

"要和好很容易啊，你以后还擅自出走不？"X博士冷冷地问欧吉尔，"外面的世界确实很精彩，以后我们也可以一起去四处玩一玩，但是'渲染工厂'的工作还是很重要的。你作为一个历史悠久的图形接口，还是有很多人要使用的。你跑了，让人家怎么办？"

"好吧好吧，这都不是事儿。"欧吉尔苦笑着说。

"哥哥，"小沃上前一步说，"以后你也不要说'会被我取代'这样的话了。每个图形接口都有自己的价值，也都有长期的拥趸。很多人都喜欢你，也有很多人认为你的设计更严谨，更适合初学者使用——总之，我会更加努力，成为一个让更多人都能够理解和灵活使用的API。但是我不会取代你，我就是我自己。没有人比我更了解现代图形学，但是，也没有人比我更热爱我的兄长，明白了吗？"

欧吉尔望着小沃清澈的眼神，那一刻他又笑了。但是图小灵觉得，这笑容与以往都不相同，这次的笑容很暖，温暖彼此的心。

"我不会再说什么取代不取代的话了。"欧吉尔说，"不过，你身上那些先进的设计理念，融合了想象力与探索精神的全新创意，确实是我不具备的——"他停顿了一下，接着说，"所以，我衷心地希望，有一天你会忘记我——不过，并不是因为我变老了，而是因为你已经变得更强了。"

图小灵鼻子发酸，还想说些什么，但是巨大的黑暗和眩晕感却突然笼罩了他的视野，他感觉这个世界正在飞速地远去，那些神奇的经历和冒险、那些崭新的知识和刚结交的朋友，在这一瞬间远离了自己的视线。不过他们并不会消失，图小灵知道，他们只是如涓涓细流一般，流入了脑海。

10

写给未来

图小灵醒来的时候，发现自己正安安静静地平躺在床上。地上的纸盒子和线缆都被收拾得干干净净，VR头盔被端正地摆放在书桌上，和计算机主机并排放在一起。VR头盔的指示灯一闪一闪的，隐约发出幽蓝的光。那里有天空船，有风暴眼，也有神奇的图形世界。小灵知道，自己很快就会再度体验这玄妙的虚拟灵境，和朋友们一起，探索科学与宇宙星空的奥秘。

他试着抬起手臂，看看自己完美无缺的手指。他看到了自己皮肤的光泽、细腻的掌间纹路，在柔和的阳光中沐浴温暖的细细汗毛。他又拿起枕边的一面小镜子，仔细查看自己劫后余生的脸：额头、鬓角、一缕散漫的刘海，眉梢、眼角、略显朦胧的双眸，鼻梁、酒窝、嘴角干涸的印渍，下巴、脖子……一切都是那么的熟悉，一切都是那么的美好。

屋外传来了妈妈埋怨的声音，"你又给孩子买什么乱七八糟的东西了，学习怎么办？"

爸爸慌张地辩解："这不是高科技嘛，万一能有点什么收获呢？"

"收获什么？长大了和你一样编程序啊？你看你头发都没了！"

"啊呀！你非要哪壶不开提哪壶。"

"行啦行啦，该叫小灵起床了，睡了一下午，也该吃饭啦。"奶奶的声音也掺杂进来。家里充满了熟悉、热闹又温暖的气息。

图小灵坐了起来，他并不饿，只是反复回想着这一段漫长而奇妙的旅程。他有点害怕自己会忘记，于是急忙翻开了一本崭新的笔记本，想把一切都记录下来，然后把故事生动地讲给家人和同学们听。

他有点不知道从何处讲起。实时渲染的原理大家能听懂吗？会不会像听天书一样？图形接口间的隔阂，直接讲出来会不会有点突兀？显卡里奇异的景色，讲出来会不会没人相信？用画的方式也许更可行？

就这样拿着笔呆坐了一会儿，一阵轻快的敲门声传来。妈妈和爸爸结束了短暂的争吵，用尽可能温柔的声音呼唤他，"小灵啊，起床了没？该吃饭啦——"

"哎，马上来！"图小灵有些气恼地丢下笔，打算就这样出门。但是他又有些不甘心，索性硬着头皮又坐了回来，在妈妈可能发火之前，匆匆忙忙地写下了属于这个故事的第一句话：

我衷心地希望，有一天你会忘记我——不过，并不是因为我变老了，而是因为你已经变得更强了。

图小灵小课堂

2 虚实之隙

缓存（Buffer）：是计算机系统中用于临时存储信息的内存，它支持快速、频繁地访问和刷新数据。

屏幕缓存：是专门用于存储下一帧屏幕画面以供显示的缓存区域。

显卡（Graphics Card）：全称显示接口卡，是计算机硬件中一个重要的组成部分，负责接收、解析、处理图形指令，并输出最终的显示图形。显卡往往通过某些特定的接口直接连接计算机屏幕或者 VR 眼镜等设备。

图形处理单元（Graphics Processing Unit，GPU）：是显卡的"心脏"，类似电脑中的 CPU，它负责执行各种图形数据的并行处理任务。一张显卡中 GPU 的数量有成千上万个。例如 NVIDIA 公司的 GeForce RTX 4080 显示卡，其 GPU 数量为 8000～10 000 个。

帧（Frame）：是指输出到屏幕上的一幅图像。

像素（Pixel）：是构成图像的最小单位。一幅图像或者屏幕画面是由许多横竖排列的小方块组成的，每个小方块都有一个明确的位置和被分配的色彩数值。像素决定了图像所呈现的最终大小和画面质量。

分辨率（Resolution）：决定了图像细节的精细程度。通常情况下，图像的分辨率越高，所包含的像素就越多，图像就越清晰，输出画面的质量也就越好。

立体视觉（Stereo Vision）：也称为深度感知，是指人的双眼感知物体的三维形状和相互之间空间关系的能力。立体视觉基于双眼，通过大脑整合双眼接收的图像，形成完整的三维图像。现在 VR 眼镜中会使用虚构场景模拟人眼左右眼分别接收到的画面，从而在使用者的大脑中产生立体视觉的效果。

3　渲染工厂

计算机图形学（Computer Graphics，CG）：是一种使用数学算法将二维或三维图形转化为计算机显示器的像素形式的科学。它研究的是如何在计算机中生产、计算，以及显示各种图形。

实时渲染（Real-time Rendering）：是指计算机图形学中，能在极短的显示时间内（通常为 1/60 秒）生成并呈现图像的技术。这种技术主要应用于电子游戏、虚拟现实（VR）、增强现实（AR）等领域，目标是实现流畅、逼真的动态图像效果。

流水线（Pipeline）：在计算机的 CPU、GPU 等部件中，流水线的技术被广泛使用，它将任务分解为多个步骤，每个步骤独立执行并依次（或者并行）传递数据结果。在需要重复执行相似任务的情况下，流水线可以有效地利用计算资源，提高计算效率。

并行：指计算机显卡中利用多个 GPU 同时执行计算任务，以此提高计算效率和处理能力。多个 GPU 共享同一块内存空间（如屏幕缓存），它们可以直接访问和修改共享内存中的数据。

应用程序编程接口（Application Programming Interface，API）：通常包括程序员可以使用的各种函数、类和协议等，以便实现特定功能。它是计算机软件开发中不可或缺的组成部分。

4 造型之谷

三维计算机图形学：三维计算机图形学是计算机图形学的一个分支，主要研究如何在计算机上生成、表示、处理以及显示三维图形。它广泛应用于电影、游戏、虚拟现实等领域。

坐标系：坐标系是描述空间中点、线、面等几何对象位置和相互关系的工具，它是一种理科常用的辅助方法。三维计算机图形学中常用的三维坐标系由三个坐标轴组成，分别为 X 轴、Y 轴和 Z 轴，它们的交点也称为原点或零点。

顶点（Vertex）：是指在三维模型中，几何对象的空间坐标位置和属性信息。在计算机图形学中，三维模型通常由多个顶点组成，它们决定了模型的几何结构和外观。

图元装配（Primitive Assembly）：是指将多个基本图元（如三角形、四边形等）按照一定的顺序和规则组合成复杂的三维模型的过程。在计算机图形学中，图元装配是一种常用的建模方法。三维模型的顶点和图元之间存在着密切联系，即顶点包含模型在三维空间中的位置信息，而图元则描述了由多个顶点组成的几何形状。

边界表示法（Boundary Representation，B-Rep）：是一种用于描述三维模型的方法，它将三维模型表示为一组封闭的平面或者曲面。它可以准确地描述物体的形状和特征，具有较高的计算效率。

纹理坐标（UV）：是指在三维模型上指定顶点对应的一组二维坐标。纹理坐标通常用于将纹理图像映射到三维模型表面上，以增强模型的外观效果。

纹理映射（Texture Mapping）：是一种将二维图片映射到三维模型表面的技术。通过纹理映射，将图像应用到三维模型表面，从而增强模型的外观效果，使其看起来更加逼真。在纹理映射过程中，三维模型表面的每个顶点，都有对应的纹理坐标，然后将该纹理坐标映射到纹理图像上，得到对应颜色值。

5　光之山丘

实时光照：实时光照是一种计算机图形学技术，通过模拟光线在三维场景中的传播和反射来生成逼真的光照效果。实时光照可以模拟多种不同类型的光源，包括点光源、聚光灯、环境光等。同时，它还可以模拟各种不同材质的光照反射，包括漫反射、镜面反射等。

光线跟踪（Ray Tracing）：是一种计算机图形学技术，用于模拟光线在三维场景中的传播路径，以产生逼真的光照效果。它的基本原理是从观察者的视点发射一束光线，并在三维场景中沿着光线的传播路径运动。当光线遇到物体时，会根据物体表面的属性进行反射、折射或吸收，然后沿新的传播路径继续演算，最终得到逼真的光照效果。

光源：三维场景中用于照明的虚拟光源有多种类型：点光源是最简单的一种，它向所有方向均匀发射光线，为整个场景提供均匀的照明；聚光灯则是一种定向光源，它只向特定的方向发射光线；平行光可以模拟阳光等全局光照效果，为场景带来柔和的照明。

法线：在计算机图形学中，法线通常指的是垂直于某个平面或曲面的三维向量。法线经常被用于实时渲染技术中，如 Phong 着色模型等。

漫反射（Diffuse Reflection）：是指当光照射到粗糙表面上时，会向各个方向散射的现象。漫反射广泛存在于我们日常生活中的墙壁、衣服、地板等物体表面，它使我们能够看到物体的各个部分，而不仅仅是正对着光源的区域。同时，漫反射也是计算机图形学中模拟真实光照效果的重要手段之一。

镜面反射（Specular Reflection）：是指当光线照射到光滑表面上时，光线会按照入射的角度反射出来，形成一个明亮的亮点。镜面反射广泛存在于我们日常生活中的镜子、水面、汽车漆面等物体和物质表面，它可以使我们看到物体的镜像，并且反射出强烈的亮光。

光照模型（Lighting Model）：是计算机图形学中用来模拟真实世界光

照效果的数学模型。它描述了光线与物体表面相互作用的过程，从而实现逼真的渲染效果。常见的光照模型包括 Phong、Blinn-Phong、Lambert 等。

6 幻之森林

基于物理的渲染（Physically Based Rendering，PBR）：是计算机图形学中的着色方法，旨在更加准确地模拟真实世界中的光照效果。它考虑了光线与物体表面的交互过程，包括漫反射、镜面反射、折射、吸收等，从而实现更加逼真的渲染效果。粗糙度（Roughness）是 PBR 的参数之一，粗糙度数值越高，物体表面越粗糙，反之物体表面越光滑。金属度（Metallic）是 PBR 的另一个参数，用来控制物体的金属特质，金属度数值越高，物体表面就越接近金属。

表面细分（Tessellation）：是一种三维建模技术，用于将简单的几何体转换为复杂的曲面形状。这种技术通过不断增加几何体的细节，提升了模型的视觉复杂度，从而实现更加精细的建模效果。

阴影图（Shadow Map）：是指在游戏或虚拟现实环境中，能够快速生成并更新阴影的方法。它可以增强场景的真实感和沉浸感，提高游戏的视觉体验。阴影图算法是一种用于实现阴影效果的算法，它是基于深度缓冲区实现的。

软件开发工具包（Software Development Kit，SDK）：它是提供给编程者的一套工具集合，包括编程工具、文档、示例代码和库文件等，用于支持特定的软件开发任务。

7 坠落之海

摄像机（Camera）：是三维场景中一个非常重要的概念，它决定了观察者看到的场景，类似于我们的眼睛。它位于三维场景中的某个位置，并指向某个方向，用于观察三维场景并捕捉图像。

裁减（Cull）：是计算机图形学中的一个概念，指的是剔除不可见物体的过程。在三维图形渲染中，Culling 技术可以用来优化渲染效率，减少不必要的计算和绘制。

绘制调用（Draw Call）：是计算机图形学中的一个概念，指的是 GPU 执行一次绘制命令的过程。在三维图形渲染中，每个物体都需要经过多个绘制命令的处理，最终生成一幅完整的图像。Draw Call 的数量对于渲染效率有很大影响，在实际应用中，为了减少 Draw Call 的数量，可以采用多种技术，如 Culling，LOD 等。

视锥体裁减（Frustum Culling）：视锥体是计算机图形学中的一个概念，指的是摄像机能够看到的区域。视锥体是由观察者的位置、朝向和视野角度决定的，其形状类似于一个截去顶部的金字塔。视锥体裁减是一种常见的剔除不可见物体的技术，它可以根据摄像机的视锥体范围，剔除那些不在视锥体范围内的物体，从而减少不必要的计算和绘制。

透视投影（Perspective Projection）：是计算机图形学中的一种投影方式，它模拟了人眼观察物体时的视觉效果，使距离摄像机较远的物体看起来比距离摄像机较近的物体小。

层次细节（Level of Detail，LOD）：是计算机图形学中的一种技术，用于优化三维图形的渲染效率。LOD 的核心思想是根据物体与相机的距离，动态地调整物体的复杂程度，从而在保证视觉质量的同时，降低渲染的计算复杂度。

8　风暴之眼

场景漫游：场景漫游是计算机图形学中的一种交互方式，允许用户在虚拟环境中自由移动和观察。在实际应用中，通常用 Look-At 矩阵来实现用户摄像机的旋转和平移操作。

帧缓存（Frame Buffer）：是一个包含了多个缓存的数据结构，其中包括颜色缓存和深度缓存。颜色缓存（Color Buffer）和深度缓存（Depth

Buffer）是计算机图形学中的两个重要概念，用于存储图像的颜色和深度信息。颜色缓存存储最终渲染结果的颜色信息，深度缓存则用于判断像素的可见性，避免出现重叠和遮挡的情况。

深度测试（Depth Test）：是计算机图形学中的一种技术，用于判断一个像素是否应该绘制到屏幕中。在渲染过程中，当一个像素的颜色被计算出来后，深度测试会将该像素的深度值与深度缓存中已经存在的深度值进行比较，从而决定它能否应该绘制到屏幕中。

光栅化（Rasterization）：是计算机图形学中的一种技术，它能将三维空间中的几何体映射到二维坐标系中，并生成一个像素矩阵，即渲染输出的结果。

片元着色（Fragment Shading）：是计算机图形学中的一种技术，是指经过光栅化将三维几何体转换成二维图像后，对每个像素设置颜色的过程。

9 辉煌之路

总线（Bus）：是计算机硬件系统中的一种连接方式，用于连接各个部件进行信息传输。

通用计算：是指利用 GPU 进行通用计算的一种技术。GPU 原本是用于图形渲染和图像处理的专用硬件，但是由于其并行计算能力强大，因此逐渐被应用于其他计算领域，如科学计算、金融计算、机器学习、深度学习等。

可编程流水线：GPU 的固定流水线和可编程流水线是两种不同的架构设计。前者的优点是简单、易于实现，但是在处理复杂计算任务时会出现瓶颈；后者是一种灵活的 GPU 架构设计，它允许开发者自由地编写着色器（Shader）程序来控制 GPU，使 GPU 可以适应不同的渲染和计算需求。如今，基于可编程流水线实现的软件系统已经越来越多地应用在各行各业中。

计算机图形学从芯片对信息的底层处理，实现了世界万象的再造与可视化。感谢计算机图形学开发者为我们带来光影，让我们与灵境共存。感谢作者，用动人的童话故事解释科学。

—— 陈大钢

全球首位且唯一获得Autodesk 3ds Max大师殊荣的华人艺术家

中国CG技术成就奖得主

在这本引人入胜的科普小说中，作者通过一个充满好奇心的小学生的视角，深入探索了计算机图形学的奥秘。电脑游戏和动画片里的精美画面是如何生成的？显卡的内部是如何工作的？计算机创造的三维世界究竟是什么模样？无论是对于想要了解计算机图形学的初学者，还是对信息技术充满好奇的小读者，本书都将是一次充满乐趣的学习旅程。

—— 王元卓

中国科学院计算技术研究所研究员、教育处处长

CCF科普工委主任

本书通过有趣的故事情节和富有创意的插图，使枯燥的计算机图形学基础知识变得鲜活可爱，更加通俗易懂；同时，也以别样的方式向读者展现了计算机图形学的魅力和深远影响。本书简单明了，故事生动活泼，无论是中小学生，还是计算机技术爱好者都适合阅读，是一本非常好的计算机科普著作。

—— 赵龙

北京航空航天大学教授，北航数字导航中心主任